施工导流风险分析

胡志根　刘　全　陈志鼎　范锡峨　著

科学出版社

北京

内 容 简 介

本书系统全面地阐述了水利水电工程施工导流风险分析的理论与方法。主要内容包括:施工导流风险分析原理、施工水力学的计算、施工导流洪水的不确定性分析、导流建筑物泄水能力的不确定性分析、土石围堰度汛风险分析、过水围堰稳定性分析、水电工程施工导流方案风险评价及其工程应用实例。

本书可供水利水电工程导流设计、施工与工程管理人员以及高等院校的水利水电工程专业本科生、研究生参考。

图书在版编目(CIP)数据

施工导流风险分析/胡志根等著 . —北京:科学出版社,2010
ISBN 978-7-03-026563-0

Ⅰ.①施… Ⅱ.①胡… Ⅲ.①导流-风险分析 Ⅳ.①TV551.1

中国版本图书馆 CIP 数据核字(2010)第 017450 号

责任编辑:沈 建 / 责任校对:陈玉凤
责任印制:赵 博 / 封面设计:耕者设计工作室

科 学 出 版 社 出版

北京东黄城根北街 16 号
邮政编码:100717
http://www.sciencep.com

源海印刷有限责任公司 印刷
科学出版社发行 各地新华书店经销

*

2010 年 2 月第 一 版 开本:B5 (720×1000)
2010 年 2 月第一次印刷 印张:14 1/4
印数:1—2 500 字数:273 000

定价:48.00 元

(如有印装质量问题,我社负责调换)

前　　言

　　水利水电工程施工是自然客观存在和人类主观改造相互交织的复杂系统,众多不确定性因素使工程风险分析涉及主观、客观的跨学科研究领域。施工导流是水利水电工程施工的控制性项目,贯穿整个施工过程。施工导流风险分析是水利水电工程施工系统可行性评估、施工规划、设计、计划实施与工程保险的重要科学技术支撑和保证。我国从 20 世纪 80 年代开始对施工导流风险开展研究,1987年,肖焕雄教授首先提出水利水电工程施工导流标准的"风险率"概念。20 多年来,国内外学者围绕施工导流风险率的刻画及其与施工洪水重现期的内在关系,超标洪水风险率、费用风险率和工期风险率的计算方法,施工导流风险配置与风险管理等一系列基础性科学问题开展研究,揭示了施工导流系统不确定性因素的分布特征和施工导流风险的时空分布规律,已初步建立其系统风险的辨识、估计、分析和建模的理论体系与方法,研究成果应用于三峡、溪洛渡、锦屏一级、向家坝、水布垭、糯扎渡、观音岩、鲁地拉等大型水利水电工程设计和施工中,为科学地评价水利水电工程施工过程风险和保证工程建设过程中防洪度汛安全奠定了重要的理论基础,并且取得了很好的经济效益和社会效益。

　　自 20 世纪 80 年代以来,武汉大学水利水电学院施工教研室开始对复杂水利水电工程施工导流系统风险开展研究,通过系统总结和科学凝练初步形成了施工导流风险分析的理论体系与方法。本书系统地介绍了施工导流风险分析的理论方法及其在水利水电工程领域的应用,共分为 6 章。第 1 章论述了施工导流风险分析的原理和计算方法;第 2 章在计算水力学的理论基础上讨论了导流建筑物泄流能力计算、围堰冲刷计算和溃坝水力计算的模型与计算方法;第 3 章在分析洪峰流量、洪水过程总量和洪水历时等施工洪水的主要不确定性因素基础上,提出了施工洪水不确定性特征的随机分布及其随机模拟方法,在对导流建筑物泄流能力特性分析的基础上,提出了泄流建筑物泄流能力随机模拟方法;第 4 章针对土石过水围堰度汛风险特性进行了系统研究,提出了土石过水围堰的护板溢-渗流稳定性和下游抗冲稳定性分析方法;第 5 章基于施工导流风险测度与多目标决策理论,提出了水电工程施工导流方案风险评价方法与导流风险配置方法;第 6 章结合典型工程应用案例,讨论了水电工程施工导流风险评价方法与应用的相关问题。

　　本书由胡志根、刘全、陈志鼎和范锡峨共同完成。本书的研究工作得到了国家自然科学基金(50079017、50579056、50539120)、国家"十一五"科技支撑计划(2008BAB29B02)和武汉大学水资源与水电工程科学国家重点实验室的资助。课题组肖焕雄、周宜红、贺昌海教授和杨磊博士对书中的有关研究作出了重要贡献。研究生胡建明、李燕群、徐森泉、吴一冯、肖群香、靳鹏、何艳军、李云辉和左勤思等参与了部分研究工作。同时,还得到了天津大学钟登华教授,中国水电顾问集团公司魏志远、余奎和常作维教授级高级工程师,中国水电顾问集团西北勘测设计研究院黄天润、郭红彦、冀培民和杨鑫平教授级高级工程师,昆明勘测设计研究院许文涛、陈及新、胡平、李仕奇和张云生教授级高级工程师,成都勘测设计研究院黄河、郑家祥、傅峥和蒲建平教授级高级工程师,中南勘测设计研究院王忠耀、文杰、吴文洪和杨尚文教授级高级工程师,华东勘测设计研究院胡赛华、吕国轩和任金明教授级高级工程师等的支持与帮助。刘自辉、孟德乾、张超、吴小伟和韩琦硕士研究生参与了图表绘制工作。科学出版社沈建编辑对著作的选题、结构体系与编辑出版等提出了有建设性的意见。本书也凝聚了他们的智慧和劳动,在此向他们表示衷心的感谢。

　　由于作者水平有限,疏漏和不妥之处在所难免,恳请批评指正。

作　者

2009 年 6 月

目　　录

第1章　施工导流风险分析原理

在江河上修建水工建筑物，通过"导、截、拦、蓄、泄"等工程措施，把水流全部或部分地导向下游或拦蓄起来，保证水工建筑物的干地施工，协调施工期间通航、供水、灌溉或水电站运行等水资源综合利用要求的矛盾，解决施工过程中施工和水流蓄泄之间的矛盾，以避免水流对水工建筑物施工的不利影响。为了使水工建筑物能在干地上进行施工，需要用围堰维护基坑，将水流引向预定的泄水通道往下游宣泄。

施工导流方式，大体上可分为分段围堰法导流和全段围堰法导流。分段围堰法亦称分期围堰法，就是用围堰将水工建筑物分段、分期维护起来进行施工的方法。所谓分段，就是在空间上用围堰将建筑物分为若干施工段进行施工。所谓分期，就是在时间上将导流分为若干时期。全段围堰法导流，就是在河床主体工程的上下游各建一道断流围堰，使水流经河床以外的临时或永久泄水道下泄。主体工程建成或接近建成时，再将临时泄水道封堵。

淹没基坑法导流是一种辅助导流方法，在全段围堰法和分段围堰法中均可使用。山区河流的特点是洪水期流量大、历时短，而枯水期流量则很小，水位暴涨暴落、变幅很大。例如江西上犹江水电站，坝型为混凝土重力坝，坝身允许过水，其所在河道正常水位时水面宽仅40m，水深约6～8m，当洪水来临时，河宽增加不大，水深却增加到18m。若按一般导流标准要求来设计导流建筑物，不是围堰修得很高，就是泄水建筑物的尺寸很大，而使用期较短，显然不经济。在这种情况下，可以考虑采用允许基坑淹没的导流方法，即洪水来临时围堰过水，基坑被淹没，过水部分停工，待洪水退落，围堰挡水时再继续施工。这种方法，由于基坑淹没所引起的停工天数不长，施工进度可以保证，在河道泥沙含量不大的情况下，较节省导流总费用，一般是合理的。

施工导流建筑物作为临时建筑物，其运行期风险是水电工程施工导流方案选择的重要指标，是施工导流科学决策的理论基础；同时是临时工程的费用效益评价和水利水电工程成本评价的重要部分，直接影响工程预备费的计算。因此导流系统风险识别和评估对水利水电工程施工科学发展具有重要的意义。

1.1　施工导流风险研究

导流标准的选择是关系到水电工程建设投资和顺利施工的关键问题。据国外水电建设的统计,施工导流费用约占水电总工程费用的 5%～20%,其中河床式电站约占 15%左右。我国施工导流费用,一般占总工程投资的 4%～15%或占主体建筑物(坝、电站)等总投资的 10%～30%。施工导流的成败,直接影响到主体工程建设。洪水漫顶垮堰,可能使工程建设严重受阻,工期大幅延长。因此,在水电工程建设中,要对影响导流标准的工程投资、建设工期、风险损失以及导流风险各个要素进行综合定量分析,做好施工导流的规划,从总体上优化导流标准。

在导流标准决策中,导流风险是重要的决策指标。1948 年,Thomas 提出了计算 N 年内超过标准 P 的洪水发生 K 次的概率公式。1970 年,Yen 给出了工程期望寿命年限内超标准洪水发生的概率计算公式,并被列入美国水文实践指南中。从本质上看,它们都是基于每年超标准洪水发生的可能性服从贝努利分布(Bernoulli distribution)。然而,导流风险指标的确定在一定程度上还要考虑导流工程的具体条件和施工的经济性、安全性,才能明确导流工程可能承担的风险大小。在这方面不少学者做了一定的工作,给出了一些风险率模型。1983 年,Lee 和 Mays 利用条件概率公式,同时考虑水文和水力不确定性的概率模型,将实际洪峰流量 Q_L 当作荷载,泄流能力 Q_R 作抗力,通过数理统计方法确定其概率分布,采用结构可靠性的失效概率公式,推导出风险率计算模型。该模型没有考虑系统使用寿命和系统风险随时间变化的作用,而将实际洪峰流量和泄流能力看作是相互独立的与时间无关的随机变量,认为只有大于设计洪水的洪水才属于荷载,并且抗力大于设计洪水。但是系统风险率的大小是系统具有的实际泄流能力与实际洪水流量的相对大小决定的。Afshar 在考虑水文随机性和水力随机性的基础上提出优化导流方案的计算方法。Borgman、Shanne 和 Lynn 等将 Poisson 过程引入风险分析模型,取部分历时洪峰序列,假定在 $(0,t)$ 内洪峰个数服从齐次 Poisson 过程,洪峰大小服从指数分布,研究了最大超定量洪峰分布问题。1980 年,Tung 研究了基于风险的设计中水文的不确定性、参数的不确定性以及水力的不确定性。1999 年,Futaisi 和 Stedinger 认为水文不确定性、水力不确定性以及经济不确定性影响洪水风险的控制,提出风险决策模型。2003 年,Nasir、Cabe 和 Hartono 对施工进度安排表进行分析研究,提出了施工进度风险计算模型。2004 年,Warszawski 和 Sacks 针对传统的风险计算方法较为复杂的状况,对工程项目风险给出了实用的多因素计算方法。2006 年,Humberto 对 Aguamilpa 坝发生超标洪水上游围堰过水条件下的导流风险进行了计算。

Loucks 等通过分析来水洪量与防洪库容之间的关系,得出了在一定防洪库容的情况下,不同洪量所造成的损失。Yazicigil 和 Houck 等对入库洪水与最大库容之间的关系进行了分析,认为根据现有典型年设计洪水所计算的水库最高防洪水位,会因所选典型并不恶劣而使水库存在相当大的超校核洪水位的风险。美国陆军工程师团(United States Army Corps of Engineers,USACE)的 Hagen 用相对风险指数来判别大坝风险,依靠专家判断漫顶因素和结构险情因素的风险值。

　　国内在 1983 年以来开始针对洪水风险和施工导流风险进行了系统的研究工作,1987 年,肖焕雄系统论述了施工导流标准,提出了施工导流标准的"风险率"概念和导流建筑物泄洪能力风险率估计的计算方法。1989 年,郭子中、徐祖信分析了开敞式溢洪道水力设计中的各种不确定性,提出了开敞式溢洪道泄洪风险的计算模型,并首次将结构可靠度计算中广泛采用的 JC 法用于泄洪风险的计算。1993 年,肖焕雄、韩采燕将超标洪水间隔时段作为随机变量来研究超标洪水风险率,并对洪水间隔时间的概率分布做了初步研究,提出费用风险率,建立了两重随机有偿服务系统的风险率计算模型;1997 年,谢崇宝、袁宏源等较全面地分析了水库防洪风险计算中存在的水文、水力及水位库容关系的不确定性,探讨了其分布及参数的确定方法,研究了水库防洪全面风险率模型应用问题。1994 年,姜树海基于调洪演算和水库坝前水位变化的随机微分方程,以随机微分方程的理论为基础,建立了与水库坝前水位变化直接联系的风险率模型。1996 年,唐晓阳、肖焕雄定义了风险率功能函数,提出并建立了施工导流系统设计风险率模型;孙志禹以三重随机过程理论推导了过水围堰导流工期风险率计算模型。1997 年,李本强将施工洪水考虑为非齐次 Poisson 过程,建立了相应的瞬时风险分析模型。1998 年,钟登华根据实测日径流系列建立了随机模拟模型,经统计得出各种风险率下的设计流量与超标洪水发生次数的关系。2002 年,胡志根等提出利用 Monte-Carlo 法模拟施工洪水过程和导流建筑物泄流工况,进行施工洪水调洪演算,用统计分析模型确定不同导流标准条件下围堰运行的动态风险。2006 年,胡志根等提出在期望效用损失均衡原则的指导下,引入决策者的风险态度,从而建立施工导流系统的风险分配机制。

　　综上所述,现有施工导流风险的研究成果大致有以下几类:

　　1) 只考虑水文不确定性,而未考虑水力不确定性的概率模型

　　早期的风险率模型主要是基于古典概率论方法,1970 年 Yen 导出了 N 年内遭遇超标洪水的风险率模型:

$$R = (1-P)^N \tag{1.1}$$

式中:P——设计洪水频率;

　　　N——导流系统使用年限;

　　　R——N 年内遭遇超标洪水的概率。

　　美国的《确定洪水频率指南》中指出采用二项分布的风险率计算模型:

$$S(i) = C_N^i P^i (1-P)^{N-i} \tag{1.2}$$

式中:i——出现超标洪水的年份;

　　　$S(i)$——N 年内遭遇 i 次超标洪水的概率。

上述模型计算简单,但是没有考虑水力不确定性,没有考虑建筑物泄流能力的不确定性,当然很难全面反映工程实际。

2) 同时考虑水文和水力不确定性的概率模型

这类模型将实际洪峰流量 Q_L 当作荷载,泄流能力 Q_R 当作抗力,通过数理统计方法确定其概率分布,采用结构可靠性的失效概率公式:

$$R = P\{Q_L > Q_R\} = \int_0^{+\infty} \int_{Q_R}^{+\infty} f_R(Q_R) f_L(Q_L) \mathrm{d}Q_R \mathrm{d}Q_L \qquad (1.3)$$

式中: $f_R(Q_R)$——抗力概率密度函数;

$f_L(Q_L)$——荷载概率密度函数。

式(1.3)并没有考虑系统使用寿命和系统风险随时间变化的作用,而将实际洪峰流量和泄流能力看作是相互独立且与时间无关的随机变量,但这并不完全符合实际情况。

1983 年,Lee 和 Mays 利用条件概率公式,推导出风险率计算模型为

$$R = \frac{\int_{Q_T}^{+\infty} f(r)(1 - \exp\{-L[1 - F_L(r)]\}) \mathrm{d}r}{1 - F_R(Q_T)} \qquad (1.4)$$

式中: L——系统使用年限;

$f(\cdot)$——系统泄流能力概率密度函数;

$F_L(\cdot)$——年最大洪水的概率分布函数;

$F_R(\cdot)$——系统泄流能力的概率分布函数;

Q_T——设计洪水。

式(1.4)在推导过程中,认为只有大于设计洪水的洪水才属于荷载,并且抗力大于设计洪水。但这一前提条件并不合理,因为系统风险率的大小是由系统具有的实际泄流能力与实际洪水流量的相对大小决定的。当实际泄流能力小于设计泄流能力时,即使实际洪水小于设计洪水,也可能因为洪水大于实际泄流能力而发生系统失效。

3) 基于超标洪水间隔时间的随机点过程的风险率模型

20 世纪 60 年代,Borgman、Shanne 和 Lynn 等最早引入 Poisson 过程模型,提取部分历时洪峰序列,假定在(0, t)内洪峰个数服从齐次 Poisson 过程,洪峰大小服从指数分布,研究了最大超标洪峰分布问题。1989 年以后邓永录、徐宗学、叶守泽、肖焕雄和韩采燕等基于随机点过程理论,提出了一些风险率计算模型,但由于只考虑了水文不确定性,而未考虑系统泄流能力的水力不确定性,很难直接应用于施工导流工程实践。

1996 年,肖焕雄、孙志禹等提出了同时考虑水文和水力不确定性的二重随机过程模型,较全面地反映了施工导流系统的实际情况,但要求有长期准确的水文实测资料和工程技术资料作支撑,当资料容量小而设计要求高时,可能会因为容量不

足而难以得到满意的结果。

4）基于调洪演算和堰前水位变化的随机微分方程的风险率模型

以随机微分方程 Wiener 过程（姜树海,1993）的理论为基础,建立了与堰前水位变化而直接联系的随机微分方程：

$$
\begin{cases}
\dfrac{\mathrm{d}H(t)}{\mathrm{d}t} = \dfrac{\left[\mu_{Q1}(t) - \mu_{Q2}(H, X)\right]}{G(\mu_H)} + \dfrac{\dfrac{\mathrm{d}B(t)}{\mathrm{d}t}}{G(H)} \\
H(t_0) = H_0
\end{cases}
\tag{1.5}
$$

式中：$H(t)$ ——坝前水位随机过程；

$\mu_{Q1}(t)$ ——河道来流量过程 $Q_1(t)$ 的均值函数；

$\mu_{Q2}(H, X)$ ——泄流流量过程 $Q_2(t)$ 的均值函数；

$G(H)$ ——坝前水位流量关系曲线；

$\dfrac{\mathrm{d}B(t)}{\mathrm{d}t}$ ——正态分布白噪声。

式（1.5）较全面地反映了施工导流的实际情况,但堰前水位的分布推求困难,失效概率的计算公式还需要完善。

5）基于 Monte-Carlo 法模拟施工导流调洪演算与堰前水位分布的风险率模型

采用随机微分方程方法求解调洪演算和堰前水位分布时,要推求其微分方程组。对于不同水电工程的施工洪水特性,微分方程的求解存在困难。为此,可以利用 Monte-Carlo 方法模拟施工洪水过程和导流建筑物泄流,通过系统仿真方法进行施工洪水调洪演算,用统计分析模型确定施工导流的上游围堰堰前水位分布和导流系统风险。

1.2　施工风险

1.2.1　风险的定义

风险（risk）在韦氏英语辞典中则被解释为："失去、伤害、劣势的可能性,导致危险或损失的事与人。"

风险分析最早可追溯到公元前 3200 年,在两河（底格里斯河、幼发拉底河）流域居住的美索不达米亚人（Mesopotamia）中有一群被称作阿斯普（Asipu）的人,他们就人们的婚嫁、住宅选址等活动进行风险分析。而洪水的风险分析在 1963 年美国制定的防洪法（Flood Control Act）中就提出过,设计过程中要考虑失事后果。但直至 20 世纪 70 年代,人们对风险（risk）还了解很少。那时,在西欧人们认为"风险管理"（risk management）就是买保险,"风险评估"（risk assessment）就是对财政支出额的模糊评判,后来由于几场不幸的灾害,"风险分析"的观念才逐渐进入人们的意识当中,人们开始思考,我们可以忍受的灾害概率是多少,人生命的价值有多大。1980 年,美国风险分析协会(the Society for Risk Analysis,SRA)成立,并且成为不同学术团体对关于风险的思想交流的焦点论坛。此后,德国、法国、日本等发达国家的风险管理都在美国理论体系下发展起来。我国也成立了中国灾害防御协会风险分析专业委员会,并广泛地与美国风险分析协会、欧洲风险分析协会(Society for Risk Analysis-Europe,SRA-E)、日本风险分析协会(Society for Risk Analysis-Japan,SRA-J)等机构进行学术交流。

人们对某事件总有一个预期,当发生结果大于预期时称为收益;反之为损失。风险通常是指损失发生的不确定性,如果只考虑损失则这种风险称为纯粹的风险。因此,我们认为风险包括三个组成部分:事件、发生的概率和影响。风险率是指系统在规定的时间和规定的条件下,不能完成规定功能的概率,也可以表示成系统的荷载超过系统承载能力的概率,即

$$p_f = P(X < Y) \tag{1.6}$$

式中：p_f——系统的风险率,也称失败概率;

　　　X——系统的抗力,即承载能力;

　　　Y——系统的荷载;

　　　$P(\cdot)$——概率。

而可靠性分析是研究系统在规定的时间和规定的条件下,完成规定功能的概率,即系统的可靠性,即

$$p_s = P(X > Y) \tag{1.7}$$

式中：p_s——系统的可靠度,也称安全概率。

可见风险分析和可靠性分析是分别从正反两方面去研究问题,单从概率角度分析,它们存在着互补关系,即

$$p_f + p_s = 1 \tag{1.8}$$

工程风险事件可定义为一种离散性的在未来可能出现的会对工程造成影响的事件。这可能是一个我们希望出现的事情,一个具有潜在的积极影响的机会,或是一个我们不希望出现的事情或具有潜在消极结果的威胁。

1.2.2　施工导流风险的定义

虽然风险分析方法引入水电施工界的时间较短,但施工导流风险却引起人们的普遍重视,不少国内外学者在不断地探索和研究,提出了不同的导流风险的计算模式,以期为施工导流工程设计和施工提供理论支持。

(1)导流系统在规定时间和规定条件下风险率功能函数 $Z<0$ 的概率,称为导流系统风险率。导流系统风险率设为 R 的数学表达式为

$$R = P(Q_1 < Q_2) = P(Z < 0) \tag{1.9}$$

式中：Q_1——导流系统泄流能力（抗力）；

　　　Q_2——河道来流的洪峰流量（荷载）；

　　　$Z = Q_1 - Q_2$。

（2）在规定的导流期内，天然来水量超过水库的调蓄和导流泄水建筑物的泄流能力的概率（陈凤兰等，1996）。一般采用如下计算模式：

$$P_f = P\left[\int_0^T (Q_1 - Q_2)\,\mathrm{d}t > \Delta V_D\right] \tag{1.10}$$

式中：T——水库开始滞洪到出现最高库水位的延续时间；

　　　Q_1——天然来水（洪水）流量，为时间 t 的函数；

　　　Q_2——泄水流量，是水库水位 z 的函数，由导流建筑物的泄流量 Q_{21} 和坝身过水流量 Q_{22} 组成，$Q_2 = Q_{21} + Q_{22}$。当坝身不允许过水时，$Q_{22} = 0$；

　　　ΔV_D——水库设计滞洪库容，由围堰或坝的上升高度或坝身过水稳定所限制的库水位所决定。

将风险表达式变形后，引入调洪计算，则施工导流风险的表达式变为

$$P_f = P(Z_{\max} > Z_D) \tag{1.11}$$

式中：$Z_{\max}$——一次洪水过程中库水位能达到的最高值；

　　　Z_D——水库设计滞洪库容所对应的水位。

式（1.11）存在两个问题：一是很难将洪水过程的不确定性引入风险计算当中，虽然在上式中包含了对洪水进行调洪演算的过程，但在调洪演算的过程中难以考虑洪水过程的不确定性；二是这种计算模式只适合于采用 Monte-Carlo 法计算，并且每计算一次就要进行一次调洪演算，增加了计算工作量。为了弥补上述计算模式的不足，引入洪峰削减系数 η，计算模式为

$$P_f = P(Q_d < \eta Q_f) \tag{1.12}$$

式中：Q_f——河道来流的洪峰流量；

　　　Q_d——导流建筑物设计流量；

　　　η——洪峰削减系数。

根据水文不确定性在导流风险计算中的作用，式（1.12）就是基于这样的思想提出的计算模式，但是洪峰削减系数 η 的均值和标准差是依据水文资料进行多个样本的调洪演算得到的。而在实际工程中，水文资料的样本有限，所以这种模式还不能在实际工程中很好地应用。

（3）基于导流围堰（或挡水建筑物）挡水可靠性的施工导流风险定义。在导流过程中，我们最关心的，也是最容易观测到的是上游水位是否超过围堰堰顶。当在导流时段内，水位超过堰顶时，导流系统就不能发挥作用，即失事了。因此，施工导流系统可能失效的直接原因是，在河道来流量、泄水建筑物的下泄流量等过程的共同作用下，堰前水位高于堰顶高程。根据设计资料，考虑水文、水力等不确定性因

素的影响,分析上游围堰高程与上游设计水位的关系。为了判断围堰是否满足度汛要求,分析施工洪水过程和导流建筑物泄流能力,在围堰施工设计规模和一定的导流标准条件下,分析确定围堰上游水位分布和围堰的挡水高度。因此,导流系统的风险率可以定义为在规定的年限内,施工导流系统不能达到保护主体工程在预期的时间和费用内安全建成的概率。

对不允许基坑淹没的情况,风险率是指在系统使用期限内,超过系统实际泄洪能力的洪水至少发生一次的概率。对允许淹没基坑的导流系统,风险率是指在系统使用期限内,基坑淹没占的工期和损耗的费用超过某一规定限值使主体工程不能按期完成的概率。围堰(或挡水建筑物)堰前水位超过围堰设计挡水位的风险率定义为

$$R = P[Z_{up}(t) > H_{upcoffer}] \tag{1.13}$$

式中:$Z_{up}(t)$——上游围堰堰前水位;

　　　$H_{upcoffer}$——上游围堰堰顶高程。

所以,施工导流系统的风险率也就是在围堰施工及使用期内,堰前水位超过堰顶高程的概率。为了确定上游围堰堰顶高程和堰前水位,必须综合考虑堰前的洪水水文特性、导流泄洪水力条件等不确定性。现有风险率的研究也大多针对这些因素的不确定性而建立各类风险模型。

1.3　施工导流风险因素

1.3.1　施工洪水的随机性

施工导流设计中需要解决的一个重要问题就是确定设计洪水过程,这是进行工程设计的依据。现行的导流设计在确定设计洪水过程线时,需要先在实测水文资料中找出一条典型洪水过程线,然后再根据经验频率分析得到设计洪峰流量和设计洪量以及某一频率下的设计洪水过程线。为了工程的安全,上述典型洪水过程线一般具有峰高量大、主峰靠后、不利于泄洪安全等特点。而实际发生的洪水过程却是各种各样的,洪峰位置有的靠前、有的靠后,洪峰形状也各不相同,上述不利于泄洪的典型洪水过程只是其中的一种可能。将所有的洪水过程看作总体,典型洪水过程线只是其中的一个样本,它的特征不能代表施工洪水的总体特征。若仅考虑以非常情况的典型洪水过程作为设计依据,则失之片面,实际上忽略了洪水过程对泄洪风险的影响。长期以来,洪水过程的不确定性对施工导流及泄洪风险的影响一直被认为很小而忽略不计或被认为是确定性的。

在施工导流或泄洪时,无论是围堰临时挡水,还是坝体挡水,汛期洪水来临之前,堰(坝)前水位较低,洪水被蓄留在坝前的库区。如果洪峰位置靠前,则洪峰到

能函数 $Z = g(x_1, x_2, \cdots, x_n)$ 在均值点 μ_{X_i} 处展开成泰勒级数,略去二次和更高次项,使之线性化,得到功能函数

$$Z = g(\mu_{X_1}, \mu_{X_2}, \cdots, \mu_{X_{n1}}) + \sum_{i=1}^{n} (x_i - \mu_{X_i}) \frac{\partial g}{\partial x_i} \bigg|_{\mu_{X_i}} \tag{1.19}$$

Z 的均值 μ_Z 可以从式(1.19)中简化后的功能函数中获得,其标准差 σ_Z 在随机变量 $x_i (i = 1, 2, \cdots, n)$ 间都是统计独立条件下由下式求得的:

$$\sigma_Z = \bigg[\sum_{i=1}^{n} \bigg(\frac{\partial g}{\partial x_i} \bigg|_{\mu_{X_i}} \sigma_{X_i} \bigg)^2 \bigg]^{1/2} \tag{1.20}$$

然后将 Z 看成是正态分布,由可靠指标 $\beta = \mu_Z / \sigma_Z$ 求风险:

$$\overline{R} = \phi(-\beta) \tag{1.21}$$

均值一次二阶矩方法比较简单,但其缺点也很明显:

(1) 风险值对 Z 的定义形式敏感,即对 Z 的不同定义形式,其结果是不一致的。

(2) 在实际工程中,抗力与荷载因素多为非正态分布,且其功能函数 $Z = g(\cdot)$ 一般不为线性。其临界失事点离均值点 μ_{X_i} 较远,而该方法却在均值点 μ_{X_i} 处展开功能函数 $g(\cdot)$,故而其线性部分与真实值误差较大,因而该方法在精度方面尚有不足。

(3) 对功能函数 $g(\cdot)$ 为非解析函数的情况,该方法无能为力。只有当 x_i 为正态分布,且功能函数 $g(\cdot)$ 是 x_i 的线性函数时,计算结果是精确的。

4. 改进一次二阶矩方法

改进一次二阶矩方法(AFOSM)是将功能函数 $g(\cdot)$ 在失事临界点 $(x_1^*, x_2^*, \cdots, x_n^*)$ 展开成泰勒级数,取线性部分得

$$Z = g(x_1^*, x_2^*, \cdots, x_n^*) + \sum_{i=1}^{n} (x_i - x_i^*) \frac{\partial g}{\partial x_i} \bigg|_{x_i^*} \tag{1.22}$$

Z 的均值为

$$Z = g(x_1^*, x_2^*, \cdots, x_n^*) + \sum_{i=1}^{n} (\mu_{X_i} - x_i^*) \frac{\partial g}{\partial x_i} \bigg|_{x_i^*} \tag{1.23}$$

由于 x_i^* 位于失事边界上,即有 $g(x_1^*, x_2^*, \cdots, x_n^*) \cong 0$,于是均值 μ_Z 变为

$$\mu_Z = \sum_{i=1}^{n} (\mu_{X_i} - x_i^*) \frac{\partial g}{\partial x_i} \bigg|_{x_i^*} \tag{1.24}$$

而方差为

$$\sigma_Z^2 = \sum_{i=1}^{n} \bigg(\mu_{X_i} - x_i^* \frac{\partial g}{\partial x_i} \bigg|_{x_i^*} \bigg)^2 \tag{1.25}$$

设:

$$\alpha_i = \frac{\sigma_{X_i} \dfrac{\partial g}{\partial x_i}\Big|_{x_i^*}}{\sqrt{\sum_{i=1}^{n}\left(\sigma_{X_i} \dfrac{\partial g}{\partial x_i}\Big|_{x_i^*}\right)^2}} \tag{1.26}$$

α_i 称为灵敏系数,表示第 i 个随机变量对整个标准差的相对影响。由可靠度 β 的定义,可知:

$$\beta = \frac{\mu_Z}{\sigma_Z} = \frac{\sum_{i=1}^{n}(\mu_{X_i} - x_i^*)\dfrac{\partial g}{\partial x_i}\Big|_{x_i^*}}{\sum_{i=1}^{n}\alpha_i\sigma_{X_i}\dfrac{\partial g}{\partial x_i}\Big|_{x_i^*}} \tag{1.27}$$

对上式加以整理可得

$$\sum \frac{\partial g}{\partial x_i}\Big|_{x_i^*}(\mu_{X_i} - x_i^* - \beta\alpha_i\sigma_{X_i}) = 0 \tag{1.28}$$

由此可解出

$$x_i^* = \mu_{X_i} - \beta\alpha_i\sigma_{X_i} \quad i = 1,2,\cdots,n \tag{1.29}$$

可靠性指标 β 可通过迭代求出。最后由下式求出风险值:

$$\overline{R} = 1 - \phi(\beta) \tag{1.30}$$

式(1.29)代表 n 个方程,未知数有 x_i^* 和 β,共 $n+1$ 个。因此,通过方程联立求解未知数有困难,一般采用迭代法求解。

5. JC 法

一般情况下,对多状态变量问题,其极限状态方程为

$$M = g(X) = g(X_1, X_2, \cdots, X_n) = 0 \tag{1.31}$$

当状态变量相互独立,且知其均值 μ_{X_i} 和方差 $\sigma_{X_i}^2$ 时,可引入简化变量

$$X_i' = \frac{X_i - \mu_{X_i}}{\sigma_{X_i}} \quad i = 1,2,\cdots,n \tag{1.32}$$

则

$$g(X) = g(\sigma_{X_1}X_1' + \mu_{X_1}, \sigma_{X_2}X_2' + \mu_{X_2}, \cdots, \sigma_{X_n}X_n' + \mu_{X_n}) = g(X') = 0 \tag{1.33}$$

式(1.33)所表达的极限状态方程是一个 n 维曲面,也可称为极限状态面或失败面。Shinzuka 证明:失败面上至坐标原点距离最短的点,就是最可能失败点。通过推导得原点的面至失败面的最短距离,即可靠性指标为

$$D_{\min} = \beta = -\frac{\sum_{i=1}^{n}x_i'^* \left(\dfrac{\partial g}{X_i'}\right)^*}{\sqrt{\sum_{i=1}^{n}\left(\dfrac{\partial g}{\partial X_i'}\right)^{*2}}} \tag{1.34}$$

式中:

$$x_i'^* = -\alpha_i^* \beta \tag{1.35}$$

$$\alpha_i^* = \frac{\left(\dfrac{\partial g}{\partial X_i'}\right)^*}{\sqrt{\displaystyle\sum_{i=1}^{n}\left(\dfrac{\partial g}{\partial X_i'}\right)^{*2}}} \tag{1.36}$$

将式(1.36)换回原坐标表示：

$$\alpha_i^* = \frac{\left(\dfrac{\partial g}{\partial X_i'}\right)^* \sigma_{X_i}}{\sqrt{\displaystyle\sum_{i=1}^{n}\left(\dfrac{\partial g}{\partial X_i'}\right)^{*2}}} \sigma_{X_i}^2 \tag{1.37}$$

$$x_i^* = \mu_{X_i} + \sigma_{X_i} x_i'^* = \mu_{X_i} - \alpha_i^* \beta \sigma_{X_i} \quad i = 1,2,\cdots,n \tag{1.38}$$

并且满足：

$$g(x_1^*, x_2^*, \cdots, x_n^*) = 0 \tag{1.39}$$

当已知各状态变量的均值和标准差时，可由式(1.36)～式(1.39)用迭代法解得可靠性指标 β。求出 β 后，若各状态变量均为正态分布，则可由下式直接求得风险率：

$$\begin{cases} p_{\mathrm{f}} = 1 - p_{\mathrm{s}} = 1 - \Phi(\beta) \\ p_{\mathrm{f}}' = 1 - p_{\mathrm{s}}^n = 1 - [\Phi(\beta)]^n \end{cases} \tag{1.40}$$

若在极限状态方程中有非正态的状态变量时，必须在迭代过程中以 x_i^* 点求得这些变量的等效正态分布后的均值 $\mu_{X_i}^{\mathrm{N}}$ 和标准差 $\sigma_{X_i}^{\mathrm{N}}$，以代替式(1.38)和式(1.39)中的 μ_{X_i} 和 σ_{X_i}，求解 $\mu_{X_i}^{\mathrm{N}}$ 和 $\sigma_{X_i}^{\mathrm{N}}$。

设非正态变量 X_i 的分布函数为 $F_X(x_i)$，概率密度函数为 $f_{X_i}(x_i)$，$\Phi(\cdot)$ 为标准正态分布函数，X_i 的等效正态分布为 $N(\mu_{X_i}^{\mathrm{N}}, \sigma_{X_i}^{\mathrm{N}})$。根据在 x_i^* 处分布函数值相等的条件，可得

$$\Phi\left(\frac{x_i^* - \mu_{X_i}^{\mathrm{N}}}{\sigma_{X_i}^{\mathrm{N}}}\right) = F_{X_i}(x_i^*) \tag{1.41}$$

$$\mu_{X_i}^{\mathrm{N}} = x_i^* - \sigma_{X_i}^{\mathrm{N}} \Phi^{-1}[F_{X_i}(x_i^*)] \tag{1.42}$$

由式(1.41)求在 x_i^* 处的概率密度

$$\varphi\frac{\left(\dfrac{x_i^* - \mu_{X_i}^{\mathrm{N}}}{\sigma_{X_i}^{\mathrm{N}}}\right)}{\sigma_{X_i}^{\mathrm{N}}} = f_{X_i}(x_i^*) \tag{1.43}$$

式中：φ——标准正态分布的概率密度。

由式(1.41)和式(1.43)可得

$$\sigma_{X_i}^{\mathrm{N}} = \varphi\frac{\Phi^{-1}[F_{X_i}(x_i^*)]}{f_{X_i}(x_i^*)} \tag{1.44}$$

6. 实用分析法

实用分析法是赵国藩根据帕洛黑姆和汉纳斯的"加权分位值法"的概念提出的。它也是变量为非正态变量下转换为正态变量的一种求解可靠性指标 β 的方法。其当量正态化的条件是：

(1) 原非正态分布变量 x_i 和当量正态分布变量 x_i' 对应于失事概率 P_f 有相同的临界失事点。

(2) x_i' 和 x_i 有相同的均值。

根据条件(1)，当 $\left.\dfrac{\partial g}{\partial x_i}\right|_{x^*} > 0$（即临界失事点位于概率密度函数曲线的上升段）时，有

$$F_{X_i}(x_i^f) = F_{X_i}(\mu_{X_i} - \beta_i^- \sigma_{X_i}) = P_f \tag{1.45}$$

当 $\left.\dfrac{\partial g}{\partial x_i}\right|_{x^*} > 0$（即临界失事点位于概率密度函数曲线的下降段）时，有

$$F_{X_i}(x_i^f) = F_{X_i}(\mu_{X_i} - \beta_i^+ \sigma_{X_i}) = 1 - P_f \tag{1.46}$$

根据条件(2)，有

$$\mu_{X_i}' = \mu_{X_i} \tag{1.47}$$

因此，可得在 $\left.\dfrac{\partial g}{\partial x_i}\right|_{x^*} > 0$ 的情况下

$$\sigma_{X_i}' = \frac{\beta_i^+ \sigma_{X_i}}{\beta} \tag{1.48}$$

在 $\left.\dfrac{\partial g}{\partial x_i}\right|_{x^*} < 0$ 的情况下

$$\sigma_{X_i}' = \frac{\beta_i^- \sigma_{X_i}}{\beta} \tag{1.49}$$

由此得到当量正态变量的分布函数。

该方法的计算精度与 JC 法相当，但对于多变量的复杂系统，可靠指标 β 的计算较为复杂。

7. 优化法

根据可靠指标 β 的几何含义，可靠指标 β 是标准正态原点到极限状态面的最短距离 d ，在极限状态面方程 $Z = g(x_1, x_2, \cdots, x_n)$ 下将目标函数写成

$$f(x) = d = f(x_1, x_2, \cdots, x_n) = \sqrt{x_1^2 + x_2^2 + \cdots + x_n^2}$$

分别将 $g(x)$ 和 $f(x)$ 对 $x_1, x_2, \cdots, x_{n-1}$ 求导，并视 x_n 为 $x_1, x_2, \cdots, x_{n-1}$ 的函数，求得有 $x_1, x_2, \cdots, x_{n-1}$ 与 x_n 的关系如下：

$$\begin{cases} \dfrac{\partial x_n}{\partial x_1} = -\dfrac{g_1}{g_n} \\[2mm] \dfrac{\partial x_n}{\partial x_2} = -\dfrac{g_2}{g_n} \\[2mm] \quad\vdots \\[2mm] \dfrac{\partial x_n}{\partial x_{n-1}} = -\dfrac{g_{n-1}}{g_n} \end{cases} \tag{1.50}$$

$$\begin{cases} \dfrac{\partial f}{\partial x_1} = f_1 + f_n \dfrac{\partial x_n}{\partial x_1} = 0 \\[2mm] \dfrac{\partial f}{\partial x_1} = f_2 + f_n \dfrac{\partial x_n}{\partial x_2} = 0 \\[2mm] \quad\vdots \\[2mm] \dfrac{\partial f}{\partial x_{n-1}} = f_{n-1} + f_n \dfrac{\partial x_n}{\partial x_{n-1}} = 0 \end{cases} \tag{1.51}$$

式中：g_i、$f_i(i=1,2,\cdots,n-1)$ —— $g(\cdot)$、$f(\cdot)$ 对 $x_i(i=1,2,\cdots,n-1)$ 的偏导数。

联立上述两个方程组，则可得

$$\begin{cases} f_1 = f_n \dfrac{g_1}{g_n} \\[2mm] f_2 = f_n \dfrac{g_2}{g_n} \\[2mm] \quad\vdots \\[2mm] f_{n-1} = f_n \dfrac{g_{n-1}}{g_n} \end{cases} \tag{1.52}$$

联立求解，则可解出验算点 $x_1^*, x_2^*, \cdots, x_n^*$ ，并由下式可求出可靠指标 β 值：

$$\beta = \min d = \sqrt{(x_1^*)^2 + (x_2^*)^2 + \cdots + (x_n^*)^2} \tag{1.53}$$

则失事概率为

$$P_f = 1 - \Phi(\beta) \tag{1.54}$$

由上述推导过程可知：优化法常常需要解高次超越方程组，其求解往往比较困难。

8. Monte-Carlo 方法

Monte-Carlo 方法亦称为随机模拟（random simulation）方法，有时也称为随机抽样（random testing）技术或统计试验（statistical testing）方法。其基本思想是：为了求解数学、物理、工程技术以及生产管理等方面的问题，首先建立一个概率模型或随机过程，使其参数即为问题的解；然后通过对模型或过程的观察或抽样试验来计算所求参数的统计特征，最后给出所求解的近似值。

Monte-Carlo 方法可以用来解决各种类型的问题，但总的来说，按照问题是否

涉及随机过程的性态和结果,可以将这些问题分为两类:

第一类是确定性的数学问题。用 Monte-Carlo 方法求解这些问题的方法是,首先建立一个与所求解有关的概率模型;然后对这个模型进行随机抽样观察,即产生随机变量;最后用其算术平均值作为所求解的近似估计值。这类问题有:计算多重积分、求逆矩阵、解线性代数方程组、解积分方程、解某些偏微分方程边值问题和计算微分算子的特征值等。

第二类是随机性问题。这类问题有时可以表示为多重积分或某些函数方程,并且进而可以考虑用随机抽样方法求解;有时采用直接模拟方法,根据实际物理情况的概率法则,用电子计算机进行抽样试验。原子核物理问题、运筹学中的库存问题、随机服务系统中的排队问题、动物生态竞争和传染病的蔓延问题等属于这类问题。另外,在新兴的非线性反演方法(模拟退火法和遗传算法)中 Monte-Carlo 方法也有着广泛的应用。

在应用 Monte-Carlo 方法解决实际问题过程中大体上有如下几个内容:

(1)对求解的问题建立简单而又易于实现的概率统计模型,使所有的解恰好是所建立模型的概率分布或数学期望。

(2)根据概率统计模型的特点和计算实践的需要,尽量改进模型,以便减小方差和降低费用,提高计算效率。

(3)建立对随机变量的抽样方法,其中包括建立产生伪随机数的方法和建立对所遇到的分布产生随机变量的抽样方法。

(4)给出获得所求解的统计估计值及其方差或标准误差的方法。

目前风险的求解方法主要有上述 8 种,常用的有 Monte-Carlo 方法、均值一次二阶矩方法(MFOSM)、改进一次二阶矩方法(AFOSM)、JC 法。概括起来:

(1)Monte-Carlo 方法可以考虑随机变量各影响因素,不管怎么样总会有结果,但计算量大且结果未必精确。

(2)均值一次二阶矩法是一种在随机变量分布尚不清楚时,采用只有均值和方差的数学模型方法,运用泰勒级数展开,使之线性化。

(3)JC 法适用于随机变量为任意分布的情况,其基本原理是:先用正态分布代替随机变量的非正态分布,然后用一次二阶矩法求出风险值。

1.4.2　施工导流风险度的计算模型

1. 堰前水库调洪演算

调洪演算的目的在于考虑施工导流过程中上游围堰形成的水库对导流洪水洪峰的削减作用,计算出在设定的施工洪水和库容参数下的上游水位。

堰前水库调蓄作用如图 1.1 所示,根据水量平衡方程:

$$\frac{Q_1 + Q_2}{2}\Delta t - \frac{q_1 + q_2}{2}\Delta t = V_2 - V_1 \tag{1.55}$$

式中: Q_1、Q_2 ——计算时段 Δt 始、末入库流量;

　　　q_1、q_2 ——计算时段 Δt 始、末出库流量;

　　　V_1、V_2 ——计算时段 Δt 始、末的水库蓄水量。

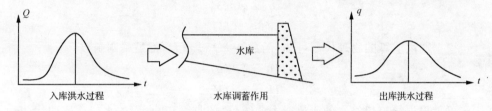

图 1.1　堰前水库调蓄作用示意图

当已知入库洪水过程线时, Q_1、Q_2 为已知, V_1、q_1 为计算的初始条件, V_2、q_2 未知。

取 Δt 时间发生的一系列变化为研究对象,假设在 Δt 时间里下泄流量 q_1 是不随时间变化的量,洪水过程 $F_{in}(t)$ 在该时间里进入水库的洪量 ΔQ_{in}:

$$\Delta Q_{in} = \int_{\Delta t} F_{in}(t)\mathrm{d}t \tag{1.56}$$

流出水库的水量 ΔQ_{out}:

$$\Delta Q_{out} = q_1 \Delta t \tag{1.57}$$

所以,水库中水量的增量 ΔV 为

$$\Delta V = \Delta Q_{in} - \Delta Q_{out} = \int_{\Delta t} F_{in}(t)\mathrm{d}t - q_1 \Delta t \tag{1.58}$$

ΔV 注入水库使水库中原有的水量从 V_1 变化到 $V_2 = V_1 + \Delta V$,而 V_2 又会引起挡水建筑物前的水位从 H_1 变化到 $H_2 = v^{-1}(V_1)$,泄流建筑物的下泄流量从 q_1 变化到 $q_2 = q(H_2)$。一般地, q_1 不等于 q_2,即下泄流量 q 也是时间的函数, $q = q(H_1, t)$,更一般地可表达为 $q(H, t)$, H 为上游水位。所以,在 Δt 时间里 ΔV 的计算方法也要使用积分表达,即

$$\Delta V = \int_{\Delta t} \left[F_{in}(t) - q(H, t) \right] \mathrm{d}t \tag{1.59}$$

将 Δt 微分化,即可得到调洪演算的关于时间的微分方程:

$$\frac{\mathrm{d}V(t)}{\mathrm{d}t} = F_{in}(t) - q(H, t) \tag{1.60}$$

其初始条件为

$$\begin{cases} q(t_1) = F_{\text{in}}(t_1) \\ H(t_1) = h[q(t_1)] \\ V(t_1) = V[H(t_1)] \\ F_{\text{in}}(t_i) = C_i \qquad i = 1, \cdots, n \end{cases} \tag{1.61}$$

式中：C_i——已知值。

边界条件为

$$\begin{cases} q = q(H) \\ V = v(H) \end{cases} \tag{1.62}$$

根据调洪演算的物理模型可知，函数 $q(H)$ 和 $v(H)$ 都是单调函数：

$$\begin{cases} H = q^{-1}(q) \\ H = v^{-1}(V) \end{cases} \tag{1.63}$$

可见根据导流建筑物的泄流能力曲线（H-q 曲线）和水库的水位库容曲线（H-V 曲线），可确定 q 与 V 的函数关系，即 $q = f(V)$。可以采用常微分方程数值解法中的单步法求解上述微分方程。设洪水过程历时为 $t \in [0, T]$，将其离散到 n 个时段（只要 n 取得足够大就可以保证算法稳定性），即

$$t_i = \frac{i}{n}T \quad i = 1, 2, \cdots, n \tag{1.64}$$

可采用二分法求解水量平衡方程中的未知参数，推求水库下泄过程线，得到水库的最大下泄流量、防洪所需库容以及相应的最高堰前水位。调洪演算流程图如图 1.2 所示。

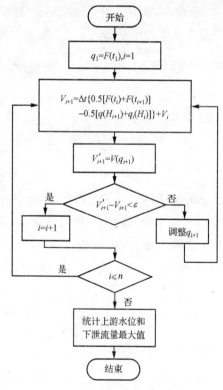

图 1.2　调洪演算流程图

2. 堰前水位统计与导流风险率分布

挡水期围堰上游水位风险，需要系统考虑河道来流、导流建筑物泄流以及河道的相关导流特征，通过系统模拟的方法来实现。由水文随机参数和分布抽样得到一个随机洪水过程 F_{in}；由水力随机参数和分布抽样得到对应的泄流建筑物的泄流能力 Q_{out}。通过随机抽样和一系列调洪演算，可以得到一个任意长的围堰上游水位模拟系列和这个历时系列对应的统计上游水位的概率分布；而设计水位的风险率，实际上就是这个模拟

历史系列的密度函数的一个分位点的值。围堰上游水位分布计算机模拟框图如图 1.3 所示。

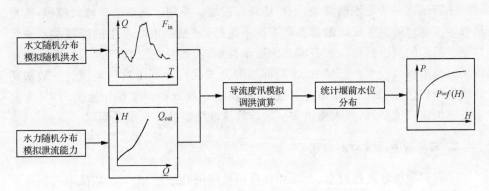

图 1.3　围堰上游水位分布计算机模拟框图

1.4.3　溃堰风险计算

导流建筑物根据其保护对象、失事后果、使用年限和工程规模进行导流标准选择,初期导流选择围堰作为挡水建筑物,其安全和经济是相互依存、相互制约的。特别是土石围堰的导流设计标准和安全稳定性,通常是由其效益大小以及失事后的影响等因素来决定。在建水电工程的堰前水库已经具有一定蓄容洪水能力,如果由于某种原因而造成围堰失事,大量水体突然释放而形成溃堰洪水,会对影响区域的生态环境产生不良干扰,甚至对下游地区造成灾难性的破坏。另外,我国现在进行流域开发,同一条河流上经常出现几座水利枢纽工程同时施工建设的情况,并且这些水利枢纽工程大多属于高坝大库水电工程。这种水电开发方式与一般的水电开发模式有所不同,一方面上游在建大坝工程具有一定的调节库容,可以部分削减下游各水库的施工洪水,可以减少下游水库的泄洪建筑物规模、减少工程投资以及缩短工期;另一方面在某些情况下,若发生超标洪水时上游在建工程出现溃坝或者溃堰,天然施工洪水与上游临时溃坝或溃堰洪水叠加,将会改变下游河道的天然水文特性,对下游大坝安全建设带来更多不确定性因素,并会对下游城镇的社会、环境和经济等方面造成重大的影响。溃堰是一种低概率、高危害的社会致灾因素,有必要进行研究。

溃口流量模拟和溃堰洪水演进分析是进行土石过水围堰溃堰影响研究的基础。需要对土石围堰溃决过程和溃决机理进行分析,构建围堰水库水量平衡-溃口流量模拟模型,溃口流量过程为溃堰洪水演进提供上游边界条件;建立溃堰洪水演进模型;在此基础上,讨论上游溃堰洪水对下游水库调洪演算的影响。

　　1. 围堰溃口流量模拟及洪水演进分析

　　土石围堰一般是逐渐溃堰,不可能瞬间溃堰。早期的围堰溃口流量模拟,通常是假定围堰瞬间发生破坏的最不利工况下进行,并根据由此产生的溃堰洪水来计算下游洪水的演进过程。土石围堰的逐渐溃堰,关键是建立溃口口门宽度的变化模型。当溃口口门大小已知时,由局部溃堰公式就可计算出溃口流量。一般初期导流标准较低,围堰的调蓄库容有限,入库洪水会导致堰前水位迅速上升,可考虑土石围堰溃口流量,结合入库洪水一起计算围堰溃口处的流量过程线。

　　2. 围堰溃口流量过程计算

　　土石围堰溃堰过程是水、土二相介质相互作用的过程,土石围堰溃堰过程计算是水力学、泥沙动力学、土力学和边坡稳定理论等的综合运用过程。近几十年来,一些学者针对土石坝溃坝进行了很多模型实验,这些模型实验提高了人们对溃堰过程的认识和了解。一般认为土石围堰冲刷溃堰的机理是:

　　(1) 堰体溃口泄出的水流将通过冲刷和坍塌方式导致溃口的产生和扩大,这一过程将持续到水库放空或者堰体能够抵抗住水流的进一步冲刷为止。

　　(2) 溃口的发展历时主要取决于外泄的水流对围堰材料的冲刷,与堰高、堰体材料、材料的密实程度以及过堰泄流状况紧密相关。

　　(3) 溃口在横向、垂向同时发展变化,随着时间的推移,由于溃口斜坡失去稳定性导致的坍塌而引起堰体顶部溃口逐渐扩大。

　　这样,利用如堰体材料的中值粒径、内摩擦角、孔隙率及溃口初始边坡、深宽比等一系列参数可建立溃堰发展过程模拟模型。

　　研究表明,影响土石围堰溃堰侵蚀主要有如下 6 个方面因素:

　　(1) 土石坝的结构、物质以及筑坝物质的密度。

　　(2) 漫顶水流的最大流速。

　　(3) 坝体坡面的间断、裂缝和空隙、坝趾的附属物。

　　(4) 下游坡面的尾水深度。

　　(5) 堤坝低处或交叉拱相邻处的水流比重。

　　(6) 坝趾排水状况、覆盖物的排水状况,坝趾连接处和坝基处的物质的抗冲刷性。这些地段的易冲刷物质往往将加速陡坎的形成与发展。

　　总之溃堰的侵蚀过程是多方面因素共同作用的结果。

　　土石围堰逐渐溃堰的计算模型是非常复杂的。溃堰水流的输沙机理更为复杂,有推移、悬移、塌落、滚动等现象,目前阶段,多采用近似的方法来求解。逐渐溃堰多属于局部溃决,溃口水流计算采用宽顶堰公式。

　　溃堰水流计算基于恒定流基本方程:

$$h_1 + \frac{v_1^2}{2g} = h_2 + \frac{v_2^2}{2g} + h_w \tag{1.65}$$

式中：h_1——上游水位；

　　　v_1——上游流速；

　　　h_2——下游水位；

　　　v_2——下游流速；

　　　h_w——水头损失。

土石围堰发生逐渐溃堰时，溃口概化为梯形。溃口形状的确定取决于两个参数：最终溃口底宽 b 和形状参数 z（溃口边坡）。最终溃口底宽 b 与溃口平均宽度 $\overline{b}$ 的关系如下：

$$b = \overline{b} - z h_d \tag{1.66}$$

式中：h_d——溃口底部以上水深，一般以堰高近似替代；

　　　z——形状参数，用来定义溃口的边坡，一般 z 的大小与围堰材料有关，取值范围为 $0 \leqslant z \leqslant 2$。

溃口流量采用宽顶堰公式计算：

$$Q_k = c_v k_s \big[3.1 b_i (h - h_b)^{1.5} + 2.45 z (h - h_b)^{2.5} \big] \tag{1.67}$$

式中：c_v——对行进流速的修正；

　　　b_i——溃口瞬时底宽；

　　　h——水位计算高程；

　　　h_b——溃口的底部高程；

　　　z——溃口边坡；

　　　k_s——考虑尾水影响出流的淹没修正系数。

由于入库洪水过程是一个非恒定流过程，入库洪水流量可以根据不同的洪水频率确定其过程线，同时导流洞泄流过程和溃口流量过程也是一个非恒定流过程。因此对水库水位的影响也是非恒定流过程，考虑水库的调蓄作用模拟溃堰的流量过程。

对式(1.55)进行修正，构建水库水量平衡-溃堰流量过程耦合数学模型，得到溃堰时调洪演算方程：

$$\frac{Q_1 + Q_2}{2} \Delta t - \frac{q_1 + q_2}{2} \Delta t - \frac{Q_{k1} + Q_{k2}}{2} \Delta t = V_2 - V_1 \tag{1.68}$$

式中：Q_1、Q_2——计算时段 Δt 始、末入库流量；

　　　q_1、q_2——计算时段 Δt 始、末导流洞泄流流量；

　　　Q_{k1}、Q_{k2}——计算时段 Δt 始、末溃堰泄流流量；

　　　V_1、V_2——计算时段 Δt 始、末的水库蓄水量。

从式(1.68)可以求出围堰溃口流量过程线。

3. 溃堰洪水演进计算

1) 基本方程

溃堰洪水属于非恒定流,洪水演进的基本问题是确定水力要素如水位 Z、流量 Q 等随时间 t 和沿程 x 的变化规律。描述一维非恒定流的圣维南方程为

连续方程:

$$\frac{\partial Q}{\partial x} + \frac{\partial A}{\partial t} - q_1 \tag{1.69}$$

式中: x——沿程,m;

　　　　t——时间,s;

　　　　Q——流量,m³/s;

　　　　A——过水断面面积,m²;

　　　　q_1——侧向单位长度注入流量,m²/s,当无侧向入流时 $q_1 = 0$。

动量守恒方程:

$$\frac{\partial Q}{\partial t} + \frac{\partial}{\partial x}\left(\beta \frac{Q^2}{A}\right) + gA \frac{\partial Z}{\partial x} + g\frac{n^2 Q|Q|}{AR^{4/3}} = 0 \tag{1.70}$$

式中: Z——水位,m;

　　　　g——重力加速度;

　　　　B——河宽,一般采用断面平均宽度,m;

　　　　R——断面水力半径;

　　　　β——动能修正系数,一般 $\beta \leqslant 1$;

　　　　n——河床糙率系数。

2) 资料整理

(1) 地形资料整理。

对河道进行数值计算前,首先要将河道离散化。根据天然河床的具体形态,将需计算水面线的部分河段进行断面划分,如图 1.4 所示。断面间距取得越小,计算的结果精确度越高,但是会增加计算时间和初始资料整理的工作量,各断面间距可以相等也可以不相等,视河段的具体地形而定。

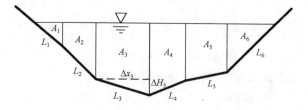

图 1.4　计算断面示例

地形资料中除了河床形态数据外,还有很重要的一项,即河床糙率。当天然河道在计算过程中断面过水宽度小、流量变化较小时,可以采用一维糙率分布,即沿断面河道水流方向,根据不同的河床条件,给定糙率的分布曲线;如果天然河道过流断面上糙率变化较大,也可分段给出糙率以提高计算精度。

(2) 初值。

假设河道划分断面的个数为 N,初始计算时,各个断面流量可与进口断面实际来流过程的第一个值相等(或任一给定的流量值),即

$$Q(j) = Q(1) \quad (j = 2, 3, \cdots, N) \tag{1.71}$$

式中: j——断面号。

各个断面的水位可由出口断面控制水位的值,按照合适的河床的沿程比降延推演至第一个断面,即

$$Z(j) = Z(N) + i \sum_{j}^{N} D(j) \quad (j = 1, 2, \cdots, N-1) \tag{1.72}$$

式中: i——河床坡降,假设计算河段内河床为定值;

$D(j)$——断面 j 和断面 $j+1$ 之间的断面间距。

进行较长时间的计算直至各个断面流量相等、水位不变,再转入非恒定流计算的过程。

(3) 边界条件。

上边界给定流量过程: Q-t 关系曲线,下边界给出固定的控制水位 $Z(N)$,联立连续方程和动量守恒方程进行计算。即已知进口断面的流量 $Q(1)$、出口断面的过水面积 $A(N)$,而 $Q(2) \sim Q(N)$、$A(1) \sim A(N-1)$ 均由计算得出。

3) 基本方程的离散

动量守恒方程中,取动能修正系数 $\beta = 1$ 时,采用 Leap-frog 差分格式,并结合交错网格的思想,对一维非恒定流的基本方程进行离散。其差分网格如图 1.5 所示。

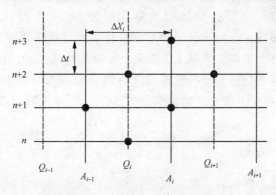

图 1.5　Leap-frog 交错差分网格

(1) 连续方程的离散过程：

$$\frac{\partial Q}{\partial x} + \frac{\partial A}{\partial t} = q_1 \tag{1.73}$$

$$\frac{A_i^{n+3} - A_i^{n+1}}{2\Delta t} = -\frac{Q_{i+1}^{n+2} - Q_i^{n+2}}{0.5(\Delta X_i + \Delta X_{i+1})} + q_1 \tag{1.74}$$

整理后可以得到各水位断面的面积计算公式：

$$A_i^{n+3} = A_i^{n+1} - \frac{4\Delta t}{\Delta X_i + \Delta X_{i+1}}(Q_{i+1}^{n+2} - Q_i^{n+2}) + 2q_1\Delta t \tag{1.75}$$

(2) 运动方程的离散过程：

$$\frac{\partial Q}{\partial t} + \frac{\partial}{\partial x}\left(\beta\frac{Q^2}{A}\right) + gA\frac{\partial Z}{\partial x} + g\frac{n^2 Q|Q|}{AR^{4/3}} = 0 \tag{1.76}$$

$$\frac{Q_i^{n+2} - Q_i^n}{2\Delta t} = -\frac{2(0 - u_i^n Q_i^n)}{(\Delta x_i + \Delta x_{i+1})} - g\frac{(A_i^{n+1} + A_{i-1}^{n+1})(Z_i^{n+1} - Z_{i-1}^{n+1})}{2\Delta X_i}$$

$$- 2^{4/3}g\frac{n^2(Q_i^{n+2} + Q_i^n)|Q_i^{n+1}|}{(A_{i-1}^{n+1} + A_i^{n+1})(R_{i-1}^{n+1} + R_i^{n+1})^{4/3}} \tag{1.77}$$

整理后可以得到各流量断面的流量计算公式：

$$Q_i^{n+2} = \left[1 + 2^{7/3}g\Delta t \frac{n^2|Q_i^{n+1}|}{(A_{i-1}^{n+1} + A_i^{n+1})(R_{i-1}^{n+1} + R_i^{n+1})^{4/3}}\right]^{-1}$$

$$\times \left[Q_i^n - \frac{4\Delta t(0 - u_i^n Q_i^n)}{(\Delta x_i + \Delta x_{i+1})} - g\Delta t\frac{(A_i^{n+1} + A_{i-1}^{n+i})(Z_i^{n+1} - Z_{i-1}^{n+1})}{\Delta X_i}\right.$$

$$\left. - \frac{n^2 Q_i^n|Q^{n+1}|2^{7/3}g\Delta t}{(A_{i-1}^{n+1} + A_i^{n+1})(R_{i-1}^{n+1} + R_i^{n+1})^{4/3}}\right] \tag{1.78}$$

综合初始条件和边界条件就可以求得溃堰洪水的洪水演进过程。

4. 土石过水围堰溃堰影响分析

在计算溃堰流量过程和洪水演进过程时，忽略了因流域特征的差异造成的产汇流时间，即假设上下游天然洪峰流量同时发生，按照式（1.67）、式（1.69）、式（1.70）和相关参数进行计算。下游水库设计洪水过程由两部分组成：天然设计频率下洪水过程和上游的溃堰洪水演进至下游坝址处的洪水过程。对于上游溃堰洪水与天然设计洪水叠加后下游遭遇的最不利工况，假定下游出现超标洪水的同时上游溃堰，以此确定下游水库的洪水过程并进行调洪演算，分析研究上游溃堰对下游的影响。

5. 溃堰洪水风险图

洪水风险图是指标识有关洪水风险信息的一系列图的总称，直观反映某一区域遭遇洪水时的风险信息，主要应用于防洪减灾、社会保险、全民防洪意识教育等领域，并为社会提供洪水风险信息。洪水风险图是实行洪水风险管理的重要技术支撑,在国内外都得到了不同程度的开发和运用。

洪水风险图分为江河湖泊洪水风险图和蓄滞洪区洪水风险图、水库洪水风险图三类。江河湖泊洪水风险图是指包括河道、堤防、城市在内的洪水风险图;蓄滞洪区洪水风险图在试点阶段主要针对国家级或省级蓄滞洪区;水库洪水风险图是指库区在某些特征水位、溃坝、最大泄量等情况下的洪水风险图。

对于洪水风险信息的表现,需要系统提供丰富的专题风险图类型,凸显江河湖泊、蓄滞洪区、水库洪水各类洪水风险图中的洪水风险信息,如洪水淹没最大水深、洪水最大流速、洪水到达时间、洪水淹没历时,以及突出显示重要的被淹对象等。可以参照《洪水风险图编制导则(试行)》和《洪水风险图试点项目成果初步要求》编制。

1.5　施工导流风险判别

1.5.1　导流系统风险率

在施工导流系统中,水流通过泄水建筑物下泄到下游河道中,由于导流系统受众多不确定性因素的影响而蕴涵风险。在进行风险分析时,最容易观测到的是上游水位是否超过围堰堰顶。围堰挡水时的导流系统风险也就是围堰的堰前水位超过堰顶的概率。根据设计资料,考虑水文、水力等不确定性因素的影响,分析上游围堰高程与上游设计水位的关系。在一定的围堰设计规模和导流标准条件下,围堰的堰前水位超过围堰设计挡水位的风险率为

$$R = P(Z_{up} > H_{upcoffer})　　　　　　(1.79)$$

式中: Z_{up}——上游围堰堰前水位;

　　　$H_{upcoffer}$——上游围堰设计挡水位。

在围堰使用运行年限内, n 年内遭遇超标洪水的综合动态风险率 $R(n)$ 为

$$R(n) = 1 - (1 - R)^n　　　　　　(1.80)$$

1.5.2　当量洪水重现期

在工程设计应用时,可以综合施工导流风险的定量要素,将导流风险率转换成当量洪水重现期 T_e,以便与通常的导流设计重现期比较分析。当量洪水重现期 T_e 为

$$T_e = \frac{1}{R}　　　　　　(1.81)$$

如果当量洪水重现期 T_e 大于或等于设计洪水重现期(或导流标准) T_d,说明导流建筑物泄流能力满足工程设计要求;否则,导流建筑物泄流能力不能满足设计要求。

第2章 导流水力学计算

施工导流水力学计算是施工导流系统水力特征分析的基本手段,是施工导流风险分析的基础。不同的施工导流建筑物其工况特点不同,涉及的水力计算内容也有差异。根据施工导流水力计算的主要内容,本章分为导流建筑物泄流能力计算、围堰冲刷计算以及溃堰水力学计算三个方面介绍。

施工导流建筑物的泄流能力计算原理一般基于经典水力学过流模型,同时有其自身特点。例如,束窄河床的泄流能力分析,受到施工影响的有压泄水建筑物泄流分析等,并且导流工程往往联合使用多种导流建筑物,导流建筑物联合泄流增加了导流水力计算的复杂程度,因此对该内容作了专门介绍。

围堰是散粒材料构成的临时挡水建筑物,其抗冲性往往成为施工导流的关键性问题。根据泥沙水力学的基本原理和水工建筑物消能计算的有关研究,对围堰冲刷水力计算问题进行了简单介绍。

溃堰过程及溃堰洪水演进过程是基于计算水力学的基本原理,对溃堰洪水的演进计算进行了简单介绍。

2.1 导流洞泄流水力学计算

隧洞泄流的水力条件相对复杂,在泄流过程中,可能出现无压流、有压流,甚至短暂的半有压流等多种工况。对于断面形式和尺寸一定的隧洞,其泄流能力取决于上下游水位、底坡、进口形式和洞长等因素,图 2.1 给出了单洞泄流能力计算流程图。

2.1.1 流态判别

根据管流水力学的特点,对导流洞泄流能力计算与分析如下。

(1) 按下游水位条件,判断隧洞出口是否淹没。当下游水位超过洞顶,且形成淹没水跃时,隧洞为淹没出流,否则,为自由出流。如果洞前水头与洞高之比超过一定比例(该比例在 1.0~1.5 之间),则认为洞内水流有有压流。对于自由出流,尚需进一步判别流态。

(2) 对于自由出流的隧洞,要区分宣泄某一流量时底坡的陡缓,方法是求出临界水深 H_k 和临界比降 i_k,当隧洞实际底坡 $i_d < i_k$ 时为缓坡,$i_d > i_k$ 时为陡坡。

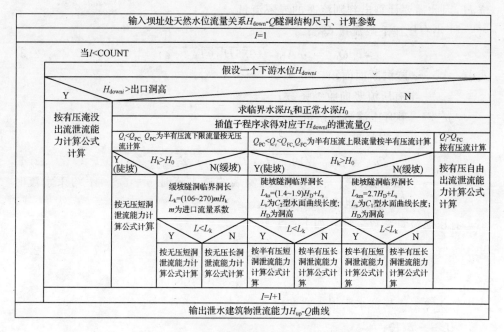

图 2.1 导流洞泄流能力计算 N-S 流程图

$$i_k = \frac{g\chi_k}{\alpha C_k^2 B_k} \tag{2.1}$$

式中：C_k、χ_k、B_k——与临界水深 H_k 对应的谢才系数、湿周和水面宽度；

　　　g——重力加速度；

　　　α——动能校正系数。

（3）根据隧洞底坡的陡缓，进一步判别水流流态。对于自由出流的隧洞，洞内水流可能为明渠流、半有压流。判别的标准为两个临界壅高比 T_{PC} 和 T_{FC}，其中，T_{PC} 为半有压流的下限临界壅高比，对于导流隧洞一般可近似取 1.2；T_{FC} 为半有压流和有压流分界点的上游临界壅高比，对于陡坡的门洞形隧洞取 1.5，对于缓坡的门洞形隧洞按下式计算：

$$T_{FC} = 1 + \frac{0.5}{\mu^2} - \frac{Z_{up} - Z_{down}}{H_D} \tag{2.2}$$

式中：Z_{up}——进口底板高程；

　　　Z_{down}——出口底板高程；

　　　H_D——洞高；

　　　μ——有压流流量系数。

当洞前水深 $H < T_{PC}H_D$ 时为明流；当 $T_{PC}H_D \leqslant H < T_{FC}H_D$ 时为半有压流；当 $H \geqslant T_{PC}H_D$ 时为有压流。计算隧洞泄水能力曲线时可按已知流量 Q 推求上游水

位 H，因此需要计算出判别流态的界限流量。

① 半有压流下限流量 Q_{PC}：

$$Q_{PC} = \mu' A_D \sqrt{19.6 H_D (T_{PC} - \varepsilon)} \qquad (2.3)$$

式中：A_D——隧洞断面面积；

　　　ε——半有压流竖向收缩系数；

　　　μ'——半有压流流量系数。

② 有压流下限流量 Q_{FC}：

$$Q_{FC} = \mu A_D \sqrt{19.6 H_D (T_{PC} - \eta - Z_{down} + Z_{up})} \qquad (2.4)$$

式中：η——与出口条件有关的系数，当侧墙约束水流时 $\eta = 0.85$，不约束水流时

　　　$\eta = 0.7$；其他符号意义同前。

有压流流量系数 μ 计算如下：

$$\mu = \frac{1}{\sqrt{1 + \sum \xi + \dfrac{2gL}{C^2 R}}} \qquad (2.5)$$

式中：$\sum \xi$——局部水头损失之和；

　　　L——洞长；

　　　C——谢才系数，$C = R^{1/6} / n$，n 为糙率；

　　　R——水力半径。

（4）如果经过判断为无压流，则需进一步判断洞的长短类型。陡坡明流洞属无压短洞，缓流隧洞临界洞长为

$$L_k = (106 \sim 270) m H_k \qquad (2.6)$$

式中：m——洞进口的流量系数，计算时常取下限值。

（5）如果经过判断为有压流，也需要进一步判别洞的长短。缓坡长洞与短洞的界限值为

$$L_{km} = 2.7 H_D + L_s \qquad (2.7)$$

式中：L_s——C_1 型水面曲线长度。

陡坡长洞与短洞的界限值为

$$L_{ks} = (1.4 \sim 1.9) H_D + L_s \qquad (2.8)$$

式中：L_s——C_2 型水面曲线长度，计算时通常取下限值。

C_1 型和 C_2 型水面曲线长度计算可参考水力计算手册。

2.1.2　正常水深计算

对于某一给定的隧洞，其坡降 i、糙率 n、断面形式为定值时，每一个流量 Q 便对应一个充满角 β 和一个正常水深 H_0。下面以施工导流过程中常用的城门洞形隧洞为例说明正常水深计算，如图 2.2 所示。

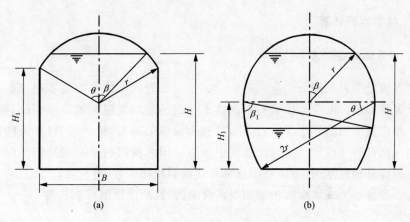

图 2.2 城门洞形和马蹄形隧洞断面参考示意图

将谢才公式用曼宁公式表示,根据明渠均匀流的基本公式,则

$$Q = \omega C\sqrt{R_i} = \frac{i^{1/2}\omega^{5/3}}{n\chi^{2/3}} \tag{2.9}$$

如图 2.2(a)所示,城门洞形隧洞各个水力参数均为充满角 β 的函数,其关系为

过水断面面积:

$$\omega = \frac{1}{2}r^2(\sin2\beta - \sin2\theta) + r^2(\theta - \beta) + 2rH_1\sin\beta \tag{2.10}$$

湿周:

$$\chi = 2[H_1 + r\sin\theta + r(\theta - \beta)] \tag{2.11}$$

水力半径:

$$R = \frac{\omega}{\chi} \tag{2.12}$$

将式(2.10)、式(2.11)代入式(2.9),得

$$Q = \frac{i^{1/2}\left[\frac{1}{2}r^2(\sin2\beta - \sin2\theta) + r^2(\theta - \beta) + 2rH_1\sin\beta\right]^{5/3}}{n[2H_1 + 2r\sin\theta + 2r(\theta - \beta)]^{2/3}} \tag{2.13}$$

由式(2.13)可以看出,这是一个隐含 β 的高次方程,直接求解困难,所以常用数值方法求解。

由图 2.2 可以看出,正常水深 H_0 和充满角 β 存在着函数关系:

$$H_0 = f(\beta) = r(\cos\beta - \cos\theta) + H_1 \tag{2.14}$$

2.1.3　临界水深计算

1. 临界流的断面参数

临界流是水力学的一个重要的概念。处于临界状态的水流是不稳定的,水面往往呈波状形态。无论是推求明渠流的水面线还是判断隧洞的流态,我们都必须计算一定流量下的临界水深。对于形状较为简单的明渠,如矩形、梯形及圆形,其临界水深已有研究成果。而导流隧洞中最为常用的城门洞形和马蹄形隧洞,其临界水深的计算相对复杂,下面给出这两种隧洞的断面参数(马吉明,1999)。

对于底坡水平或坡度很小的明渠水流来讲,其断面比能可表示为

$$E = H + \frac{\alpha Q^2}{2g\omega^2} \tag{2.15}$$

式中:E——断面比能;

　　　H——水深;

　　　Q——流量;

　　　ω——过水面积;

　　　α——动能修正系数。

由水力学原理可知,在临界流情况下,水流的断面比能最小。所以对式(2.15)求极值化简,得到临界流方程:

$$\omega \sqrt{\frac{\omega}{B_0}} = \sqrt{\frac{\alpha}{g}} Q \tag{2.16}$$

式中:B_0——水面宽。

由式(2.16)可见,确定的过流情况下,其临界水深是唯一的;反之,确定的临界水深也对应于单一的临界流量。取 $Z = \omega \sqrt{\dfrac{\omega}{B_0}}$ 为断面参数,显然,通过断面参数可计算临界水深和临界流量。

2. 城门洞形隧洞临界水深计算

1) 当水深小于 H_1 时

图 2.2(a)为城门洞形隧洞的过流断面。

可用矩形断面的临界水深公式计算:

$$H_k = \sqrt[3]{\frac{\alpha Q^2}{B^2 g}} \tag{2.17}$$

2) 当水深大于 H_1 时

将式(2.10)代入,可得断面参数如下:

$$Z = \frac{1}{\sqrt{2r\sin\beta}} \left[2rH_1\sin\theta + r^2(\theta - \beta) + r^2(\sin\beta\cos\beta - \sin\theta\cos\theta) \right]^{3/2} \quad (2.18)$$

式(2.18)中，充满角 β 和水深 H 之间存在着函数关系，通过数值方法可计算得到临界水深 H_k。

3. 马蹄形隧洞临界水深计算

图 2.2(b)为马蹄形断面，马蹄形断面的底拱一般为半径很大的圆，分析时一般将其看成平底。这里分别考虑水深小于 H_1 和水深大于 H_1 两种情况。

(1) 水深小于 H_1：

$$Z = \frac{1}{\sqrt{4r\sin\beta_1 - 2r}} \left[2rH_0\cos\theta - 2r(H_0 - H)\sin\beta_1 + 4r^2\left(\theta + \beta_1 - \frac{\pi}{2}\right) - 2rH \right]^{3/2}$$

$$(2.19)$$

(2) 水深大于 H_1：

$$Z = \frac{1}{\sqrt{2r\sin\beta}} \left[2rH_0(\cos\theta - 1) + r^2\left(4\theta - \beta + \frac{\pi}{2} + \sin\beta\cos\beta\right) \right]^{3/2} \quad (2.20)$$

2.1.4　隧洞上游水位计算

1. 无压流

在隧洞的进口，水流横向被束窄，形成宽顶堰流（无槛），其泄流能力 Q 和上游壅高水深 H 的关系可统一用淹没宽顶堰流计算公式表示（淹没系数取 1.0 时计算自由出流的情况）：

$$H = \left(\frac{Q}{4.4272\sigma_s mB}\right)^{2/3} + Z_{up} \quad (2.21)$$

式中：σ_s——淹没系数，当 $H \geqslant 1.25H_C$ 时为全淹没，淹没系数取 1.0；当 $H \leqslant 1.25H_C$ 时，由 H_C/H 确定，H_C 为隧洞进口内的收缩水深；

B——临界水深以下断面平均宽度，$B = A_k/H_k$；

m——流量系数，由进口体形确定。

2. 半有压流计算公式

半有压短洞上游水位：

$$H = 0.05102\left(\frac{Q}{A_D\mu}\right)^2 + \varepsilon H_D + Z_{up} \quad (2.22)$$

半有压长洞上游水位：

$$H = 0.05102\left(\frac{Q}{A_D\mu}\right)^2 + \eta H_D + Z_{up} \quad (2.23)$$

3. 有压流计算公式

有压淹没流:

$$H = 0.05102\left(\frac{Q}{A_D\mu}\right)^2 + H_T + Z_{down} \tag{2.24}$$

有压自由出流:

$$H = 0.05102\left(\frac{Q}{A_D\mu}\right)^2 + \eta H_D + Z_{down} \tag{2.25}$$

2.2　导流底孔泄流水力学计算

由于隧洞、涵管、底孔、厂房蜗壳和尾水管均属管道泄流,泄流水力计算原理与隧洞相似。此类泄水建筑物的流态判别和水力计算问题,可参考一般水力学著作和手册。

2.2.1　无压流泄流公式

$$Q = mB\sqrt{2g}H_0^{3/2} \tag{2.26}$$

$$Q = mB\sqrt{2g}(H_{up} - H_{down})^{3/2} \tag{2.27}$$

2.2.2　半有压流泄流公式

半有压流段曲线在明流和有压流之间一般采用顺势渐变过渡曲线连接,或参照隧洞泄水进行计算。

2.2.3　有压流泄流公式

$$Q_1 = \mu_1 A\sqrt{2g(H_{up} - H_{down})} \tag{2.28}$$

2.2.4　考虑恢复落差影响的泄水能力计算

出口淹没的有压流,通常按下式计算:

$$Q = \mu\omega\sqrt{2gz} \tag{2.29}$$

式中:z——上下游水位差;

w——有压泄水道的控制断面面积;

μ——流量系数。

在图 2.3 中,当下游水深大于底孔出流所要求的衔接水深时,底孔将被淹没。此时,孔口外水位低于下游水位,其差值 z' 称为恢复落差,或称回弹落差。出口外水位高于孔顶的深度 δ,称为孔口淹没深度。

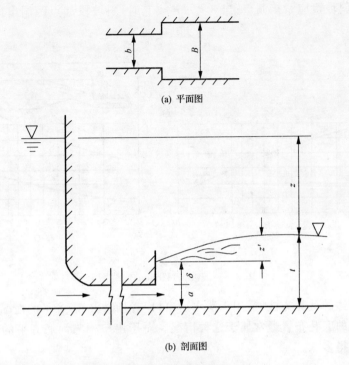

(a) 平面图

(b) 剖面图

图 2.3　有压泄水道出口淹没示意图

计及恢复落差 z' 时,淹没孔口的泄水能力为

$$Q = \mu w \sqrt{2g(z + z')} \tag{2.30}$$

如果已知上、下游水位和孔口尺寸(高度 a、宽度 b),以及出口明渠宽 B,可按下述方程求 z':

$$4\mu^2 ab(z + z')\left(\alpha_i t - \frac{\alpha_t ab}{B}\right) = tz'(2t - z')B \tag{2.31}$$

式中的动量校正系数 α_i 和 α_t 可分别取为 1.02 和 1.04。

一般工程设计中均不考虑恢复落差,计算偏于安全。当 $b/B > 0.7$ 时,可按式(2.31)计算恢复落差 z'。如不计 z',求出的上游围堰高度可能要比计及 z' 时的围堰高度高数米。

在泄水孔出口处设置倾斜反坡段或圆顺的挑流堰坎,不仅可满足消能需要,而且可以利用恢复落差,提高孔口的泄流能力。

图 2.4 是用来确定有压泄水孔出口处挑流坎高 d 和恢复落差 z' 的波波夫 (Попов)曲线图。图中 Fr、v 和 h_k 分别为泄水孔出口断面的水流弗劳德数 (Froude number)($Fr = v^2/ga$)、流速和临界水深。该图适用条件如下:设置堰坎的区段,其宽度应与孔口宽度相等(有垂直侧墙),堰坎的倾斜坡度为 1:3。当

$Fr<3$ 时,斜坡段应紧接洞口;当 $3<Fr<9$ 时,斜坡段起点距洞出口的距离为 $(0.25\sim0.5)h_k$。

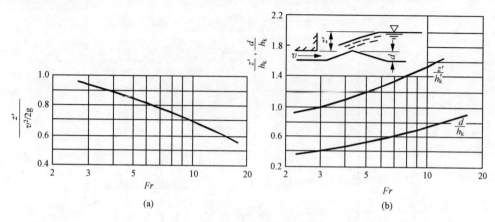

图 2.4　波波夫(Попов)曲线图

以上所述的计算方法,适用于泄水道出口与河底(渠底)齐平的情况。隧洞、涵管和某些坝的底孔布置通常属于这种情况。对于出口不与河底齐平的情况,计算方法要复杂得多。

2.3　明渠泄流水力学计算

明渠泄流时,水流可能呈均匀流或非均匀流。为了计算明渠各段水深、泄流能力以及上游围堰高程、侧墙高度等,就需要分析计算渠道的水面曲线。

2.3.1　明渠均匀流

一般可假设明渠均匀流的水流保持匀速直线运动,可采用谢才公式 $Q=AC\sqrt{Ri}$ 计算明渠泄流能力。当泄水建筑物的底坡 i、糙率 n、断面形式和尺寸以及其他水力参数确定时,一个确定的流量 Q 对应一个正常水深 h_0:

$$F(h_0)=1-\frac{Qn\chi^{2/3}}{i^{1/2}A^{5/3}}=0 \tag{2.32}$$

式中:A——过水面积;

χ——湿周。

求解上述方程,可得到对应于假设 Q 值的正常水深 h_0。

2.3.2　明渠非均匀流

人工渠道的水流绝大部分是明渠非均匀流。对于渐变流水面线的计算采用分段求和法。

1. 计算公式

明渠非均匀渐变流基本计算公式为

$$\Delta S = \frac{\Delta E_s}{i - \overline{J}} = \frac{E_{sd} - E_{su}}{i - \overline{J}} \tag{2.33}$$

$$E_s = h + \frac{\alpha v^2}{2g} \tag{2.34}$$

$$\overline{J} = \frac{1}{2}(J_u + J_d) \tag{2.35}$$

$$J_u = \frac{v_u^2}{C_u^2 R_u}, J_d = \frac{v_d^2}{C_d^2 R_d} \tag{2.36}$$

上述式中：ΔS——流段长度；

E_{sd}、E_{su}——计算段下、上游断面的断面比能；

$\overline{J}$——流段间的平均水力坡度；

v_u、v_d、C_u、C_d、R_u、R_d——上、下游断面所对应的流速、谢才系数和水力半径。

2. 计算步骤

(1) 根据渠道的已知条件计算出正常水深 h_0、临界水深 h_k。由渠道实际水深 h、h_0、h_k 判断水面线的类型，然后把渠道分段。

(2) 已知渠道某一断面的实际水深 h_1，然后假设另一断面水深 h_2，分别计算出两断面相应的流速(v_1、v_2)、谢才系数(C_1、C_2)、水力半径(R_1、R_2)、断面比能(E_{s1}、E_{s2})和水力坡度(J_1、J_2)，利用式(2.33)计算出相应 ΔS_1。

(3) 同理假设一水深 h_3；计算出相应的 ΔS_2、ΔS_3、…。

(4) 累计流段长度，当累计结果超出总流程长度时，停止计算。

2.3.3　束窄河床的水力学计算

1. 水位雍高计算

不失一般性，选取围堰束窄的平底河床，其平面布置和水面曲线如图 2.5 所示。对 0—0、c—c 断面(收缩断面)列出对应的能量方程：

$$T + \frac{\alpha_0 v_0^2}{2g} = h_c + \frac{\alpha_c v_c^2}{2g} + \frac{\alpha_p v_c^2}{2g} + \zeta \frac{v_c^2}{2g} + h_f \tag{2.37}$$

式中：v_0——0—0 断面的流速，通常为行近流速；

v_c——最大收缩断面的平均流速；

α_p ——曲线流非静水压力分布的校正系数；

ζ ——进口局部阻力系数；

h_f ——所研究的两断面间的摩擦阻力损失；

α_0、α_c ——能量校正系数；

T、h_c 等符号的意义如图 2.5 所示。

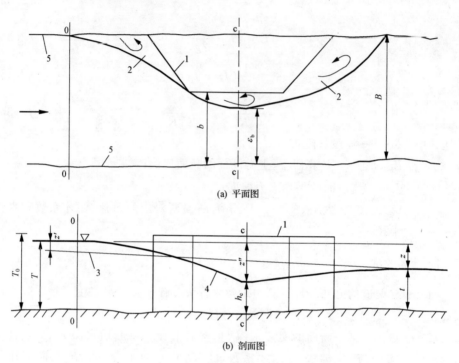

(a) 平面图

(b) 剖面图

图 2.5　围堰束窄河床的水位壅高计算简图
1. 围堰；2. 回流区；3. 原河床水面线；4. 河床束窄后的水面线；5. 河岸

令 $z'' = T - h_c$，$\varphi = \dfrac{1}{\sqrt{\alpha_c + \alpha_p + \zeta}}$，取 $h_f \approx 0$，$\alpha_0 \approx 1$，则式(2.37)变为

$$z'' = \frac{1}{\varphi^2} \frac{v_c^2}{2g} - \frac{v_0^2}{2g} \tag{2.38}$$

式(2.38)就是常用的计算束窄河床水位壅高，或上、下游水位差的计算公式。从图 2.5可知，z'' 是收缩断面 c—c 处的局部落差，不是上游水位壅高 z'，也不是上下游水位差 z。因此，对于山区河道而言，三者可能相差较大；对于平原河道，当束窄度不大时，落差的绝对值不大，可近似认为它们是相等的。

在式(2.38)中，v_c 实际上是未知数。因为 h_c 和侧收缩系数 ε 都是未知的，仅利用式(2.38)不能求出 z''。为了计算 v_c，可近似取过水面积 $w_c \approx bt$。由于计算中未考虑收缩系数，求得的 v_c 偏小，因而 z'' 也偏小。对实用计算而言，也可将侧收缩及其他因素的影响计入在系数 φ 内,可通过合理选用 φ 值获得较满意的结果。表 2.1 列出了不同围堰布置的 φ 值。

表 2.1　不同围堰布置的 φ 值

布置形式	矩形	梯形	梯形,且有 导水翼墙	梯形,且有 上挑丁坝	梯形,且有 顺流丁坝
布置简图					
φ	0.70~0.80	0.80~0.85	0.85~0.90	0.70~0.80	0.80~0.85

另外,可以通过试算法计算 z''。将式(2.38)改写为

$$z'' = \frac{1}{\mu^2 2g}\left(\frac{Q}{bh_c}\right)^2 - \frac{v_0^2}{2g} \tag{2.39}$$

式中:μ——流量系数,且 $\mu = \varphi\varepsilon$,ε 是侧收缩系数。

式(2.39)中包含未知数 h_c,此值可通过试算法迭代求解,第一次近似值取 $h_c \approx t$。

2. 束窄河床的最大平均流速

$$v_c = \frac{Q}{w_c} \tag{2.40}$$

$$w_c = \varepsilon' bt \tag{2.41}$$

式中:Q——束窄河床中通过的流量;

　　w_c——收缩断面有效过水面积;

　　b——束窄河段的过水宽度;

　　t——河道下游水深;

　　ε'——过水断面收缩系数,计及侧收缩和垂直收缩在内,大致可取 $\varepsilon' = 0.75 \sim 0.90$。

3. 纵向围堰首部附近局部水力参数估算

在纵向围堰首部附近,自由水面通常会形成漏斗状漩涡。在这一区域附近,还会产生束窄河段的最大局部流速。这些局部水力现象十分复杂,水力参数一般要通过模型试验获得。

1960 年,苏联的鲁宾世钦(Рубцнщйн)在矩形平底水槽中系统研究了围堰束窄河床的流速场及自由水面形状。根据试验资料和理论分析,提出了一系列计算公式,以及可供实际计算使用的等值线图。

在图 2.6 中,平面上任一点 i 处的河底动水压力 p_i/γ 和水深 h_i,与 i 点的平面坐标 x_i、y_i,河道流量 Q 和下游水深 t,围堰布置形式,河床束窄度等因素有关。

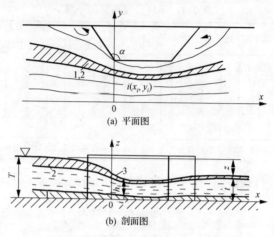

图 2.6　束窄河床流速场计算简图
1. 近底流速;2. 表面流速;3. 自由水面

如果对于包含 i 点在内的近底流束和表面流束(图 2.6 中阴影部分)分别运用贝努利定理,忽略两个计算断面间的水力损失,可以计算近底流速 v_{id} 和表面流速 v_{ib} 的公式:

$$v_{id} = v_0 \sqrt{1 + a_i \frac{z_0}{h_{v0}}} \tag{2.42}$$

$$v_{ib} = v_0 \sqrt{1 + b_i \frac{z_0}{h_{v0}}} \tag{2.43}$$

$$z_0 = z + h_{v0}$$

$$z = T - t$$

$$h_{v0} = \frac{v_0^2}{2g}$$

式中：v_0——行近流速;

T、t——上、下游水深;

a_i——无量纲压力降落,且 $a_i = \left(T - \frac{p_i}{\gamma}\right)\big/z_0$;

b_i——无量纲压力降落,且 $b_i = (T - h_i)/z_0$。

在 $0 \leqslant \frac{z_0}{t} \leqslant 0.25 \sim 0.30$ 的范围内(相应于淹没流态),a_i 和 b_i 的大小及分布,仅与围堰平面布置有关,而与流量 Q、下游水深 t 及绝对落差 z 等因素无关。进一步研究表明，a_i 和 b_i 沿水流两侧壁(一侧是上游围堰和纵向围堰,另一侧是槽壁或河岸)的分布仅与围堰布置形式和相对距离有关,而与河床束窄度无关。

鲁宾世钦的研究成果是在矩形平底槽中得出的,围堰具有垂直边壁。天然河槽的形状通常较复杂,很难通过上述计算确定河流的流速场和自由水面形状,但可以利用这些计算成果粗略估计局部水力参数。

纵向围堰首部附近的最大水面降落和最大近底流速为

$$z_{\max} = b_{\max} z_0 \tag{2.44}$$

$$v_{\mathrm{d,max}} = v_0 \sqrt{1 + a_{\max}\frac{z_0}{h_{v0}}} \tag{2.45}$$

通常,$a_{\max}$ 和 $b_{\max}$ 不是在同一点 i 处出现的,此处的水压力不符合静水压力分布。几种常用围堰布置的 $a_{\max}$ 和 $b_{\max}$ 值如表 2.2 所示。

表 2.2　几种常用围堰布置的 $a_{\max}$ 和 $b_{\max}$ 值

布置形式	矩形围堰	梯形围堰		上游角圆化的矩形围堰		上游角圆化的梯形围堰			设有导流翼墙的矩形围堰			设有导流翼墙的梯形围堰	
布置简图						$\alpha=120°$							
布置参数	$\alpha=90°$	α		R/b		R/b			l/b			$l/b=0.40$	
		120°	150°	0.26	0.38	0.13	0.26	0.38	0.15	0.18	0.41	$c/b=0.09$	$c/b=0.22$
$a_{\max}$	1.67	1.61	1.56	1.63	1.58	1.58	1.55	1.53	1.67	1.68	1.68	1.70	1.75
$b_{\max}$	1.67	1.62	1.57	1.63	1.58	1.58	1.55	1.53	1.67	1.68	1.68	1.70	1.75

2.4　挡水建筑物缺口的泄流水力学计算

当采用缺口泄流时,如果缺口的长度 l 与水头 H 的关系在区间 $(2.5H, 20H)$ 内时,可按宽顶堰公式计算:

$$Q = \varepsilon \sigma m B \sqrt{2g} H_0^{3/2} \tag{2.46}$$

式中: B——过水宽度;

H_0——缺口底槛以上上游水头;

ε——侧收缩系数;

m——流量系数;

σ——淹没系数,自由出流时,σ 取 1.0;淹没出流时,可查宽顶堰淹没系数表。

2.5　导流建筑物联合泄流水力学计算

在峡谷区进行水电工程施工导流时,常采用不同高程泄流建筑的联合导流方式;同时混凝土坝施工后期的导流度汛,往往采用坝体预留底孔和缺口泄流方式。但无论是隧洞群联合导流还是缺口与底孔联合导流,在已知总泄流量和下游水位的情况下,泄水建筑物联合泄流同时满足流量守衡和水位相似两个条件:

$$\begin{cases} Q = \sum_{i=1}^{n} Q_i & (i = 1, 2, \cdots, n) \\ Z = Z_1 = Z_2 = \cdots = Z_n \end{cases} \tag{2.47}$$

式中:Q_i——同一上游水位下,一个泄流建筑物的泄流量;

　　　Z——上游水位。

在计算精度要求不高时,N 个泄水建筑物联合泄流能力可按下列步骤计算:

(1) 根据原河床坝址处天然水位与流量(H-Q)关系,先拟定 a 个下游水位 H_{down},并求出相对应的 a 个流量 $Q_i(i=1,2,\cdots,a)$。

(2) 求出各建筑物对应每一级流量 Q_i 对应的上游水位最小值 Z_2,并找出当 Q_i 大于零时对应各建筑物的上游水位的最小值 Z_1,然后在区间(Z_1, Z_2)上取初值 Z_{up},用单条隧洞水力计算公式分别计算对应的泄流量 $Q_{ij}(j=1,2,\cdots,N)$。

(3) 将 Q_{i1}、Q_{i2},$\cdots$,Q_{iN} 相加得到 $\sum_{j=1}^{N} Q_{ij}$,如果 $\sum_{j=1}^{N} Q_{ij} - Q_i <$ EPS(误差允许值),则假设的 Z_{up} 即为下泄流量 Q_i 的上游水位,否则,根据逐步逼近法,用($Z_{\text{up}} \pm \Delta Z$)继续试算,直到 $\sum_{j=1}^{N} Q_{ij} - Q_i <$ EPS。

(4) 将计算所得的 a 组(Q_i, Z_{up})值绘成曲线,即为联合泄流的上游水位与泄流能力(Z_{up}-Q_i)关系曲线。

(5) 如果围堰是过水围堰,则当 $Q_i > Q_p$(围堰挡水设计流量),N 个泄水建筑物泄流且围堰参与过水。同理给定下游水位 H_{down},按台形堰溢流计算公式计算过水围堰泄流曲线,最后,把计算所得曲线和 N 个导流建筑物的联合泄水曲线依照上述(1)~(4)方法叠加生成上游水位和泄流能力(Z_{up}-Q_i)关系曲线。

导流建筑物联合导流泄流能力计算流程如图 2.7 所示。

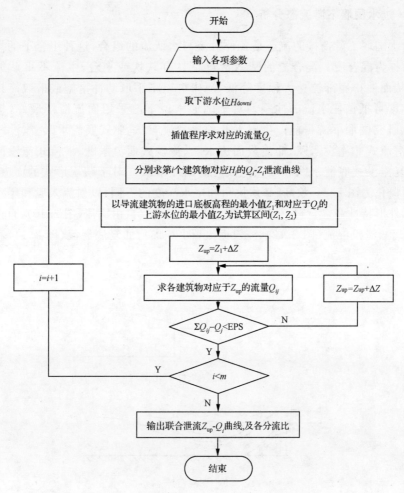

图 2.7　导流建筑物联合泄流能力计算框图

2.6　围堰冲刷水力学计算

过水围堰在过水时会产生冲刷下游河床的现象,当冲刷水流淘刷的范围波及围堰堰脚时,会引起围堰堰脚的失稳;当冲刷水流造成的冲刷坑过大时,也可能引起围堰的倾倒失稳。同时过水围堰作为临时建筑物,综合考虑围堰自身的稳定性、在其使用期内发生过水的次数和特点,以及围堰的建筑成本和运行,一般采取对河床底部冲刷小的面流消能方式。

2.6.1　过水围堰下游流态分析

过水围堰下游衔接的流态是各种射流与水跃流的组合,这种组合下的局部水力现象称为混合流。混合流的基本特点是具有跌坎或平台,主流不再贴近河床底部,从而使得底部流速大幅度降低,河床可以不采取防冲措施或采取简易的防冲措施即可抵挡住水流的冲刷。对于围堰来说下游采用面流衔接最好,根据相关理论研究围堰下游可能产生以下几种典型流态:远驱式底流水跃、淹没式底流水跃、潜流式非淹没水跃、非淹没面流水跃、淹没式面流水跃、潜流式淹没面流水跃、回复淹没式底流水跃和堰顶淹没时的面流水跃。对于跌坎形式的面流,边界条件可概化为图 2.8。坎高、鼻坎挑角和尾水深度的不同,以射流入股和尾水衔接方式和外形特性命名,流态依次为:底混流(图 2.9)、自由面流(图 2.10)、自由混流(图 2.11)、淹没混流(图 2.12)、淹没面流(图 2.13)、回复底混流(图 2.14)和波流(图 2.15)。

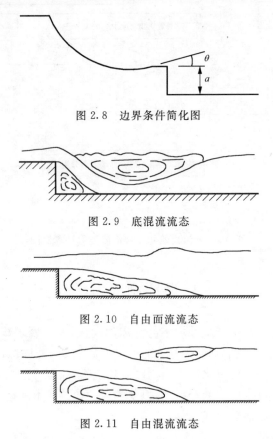

图 2.8　边界条件简化图

图 2.9　底混流流态

图 2.10　自由面流流态

图 2.11　自由混流流态

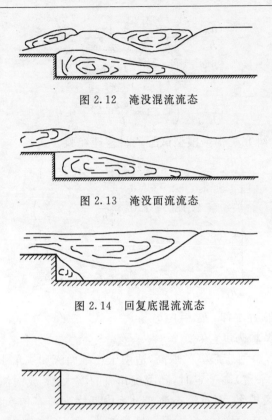

图 2.12　淹没混流流态

图 2.13　淹没面流流态

图 2.14　回复底混流流态

图 2.15　波流流态

　　面流流态的发生及消失与单宽流量、总能量、堰高、坎高（平台高度）、下游水深、坎长和挑角 θ 等因素有关，一般当坎型一定、单宽流量较大时，面流流态将随下游水深的升高而按照底混流、自由面流、自由混流、淹没混流、淹没面流、回复底流和波流的顺序演变。当单宽流量较小时，随下游水深的升高而直接由自由面流演变为淹没面流流态。水深界限与流态名称的关系如表 2.3 所示。

表 2.3　面流流态界限水深

界限	第一界限	第二界限	第三界限		第四界限	第五界限	
界限水深	h_{t_1}	h_{t_2}	h_{t_3}		h_{t_4}	h_{t_5}	
流态名称	底混流	自由面流	自由混流	淹没混流	淹没面流	回复底混流	波流

　　目前有关面流界限水深计算式方面，由于对其作用力的计算假定不一样以及对临界水头增值的计算不一样，所以界限水深的计算式和结果都有不同程度的差别。根据资料有如下两种经验公式应用比较广泛：

　　南京水利科学研究所给出了面流流态的三个界限水深，经验公式为

$$
\begin{cases}
\dfrac{h_{t1}}{h_c} = \dfrac{0.84a}{h_c} - \dfrac{1.48a}{p} + 2.24 \\[3mm]
\dfrac{h_{t4}}{h_c} = \dfrac{1.16a}{h_c} - \dfrac{1.81a}{p} + 2.38 \\[3mm]
\dfrac{h_{t5}}{h_c} = \left(4.33 - \dfrac{4a}{p}\right)\dfrac{a}{h_c} + 0.9
\end{cases}
\tag{2.48}
$$

成都勘测设计研究院根据模型试验资料整理经验公式：

$$
\begin{cases}
\dfrac{h_{t1}}{h_c} = 2.03 + 0.876\left(\dfrac{a}{h_c} - 1.5\,\dfrac{a}{p}\right) \\[3mm]
\dfrac{h_{t2}}{h_c} = 2.180 + 1.094\left(\dfrac{a}{h_c} - 2.2\,\dfrac{a}{p}\right) \\[3mm]
\dfrac{h_{t3}}{h_c} = 2.496 + 1.140\left(\dfrac{a}{h_c} - 2.2\,\dfrac{a}{p}\right) \\[3mm]
\dfrac{h_{t4}}{h_c} = 2.853 + 1.214\left(\dfrac{a}{h_c} - 2.5\,\dfrac{a}{p}\right)
\end{cases}
\tag{2.49}
$$

上述式中：h_c——临界水深，$h_c = \sqrt[3]{q^2/g}$；

　　　　a——鼻坎高度；

　　　　p——下游河床起算的堰高,适用于二维面流和挑角小于 $10°$ 的情况。

一般而言,坎(平台)高一定时,随着挑角 θ 的增大,形成面流的极限单宽流量也增大,面流保证区扩大,而且流态演变过程中低序列流态依次消失;在挑角 θ 一定时,随着坎(平台)高的增加,面流保证区也扩大,而且流态界限水深上移。坎高并不是越高越好,增至一定限度后对面流保证区的影响将不明显。

2.6.2　面流消能方式的冲刷模式

过水围堰大多采用面流消能,以减轻过堰水流对堰体和河床的冲刷。根据试验和实际运行工程冲刷现象分析,混合流各流态中的消能防冲效果从优到劣的次序为:波流、淹没混流、淹没面流、回复底混流、自由混流、自由面流、底混流,也就是基本上从高序列流态向低序列流态下游冲刷依次加强。对于低序列流态中的底混流,由于其直接淘刷堰脚,故在过水围堰下游流态衔接设计中避免此流态。过水围堰下游衔接水流是具有入射角度的射流水股,与平行于河床的急流的淘刷有所不同。河床淘刷的影响因素极其复杂,主要影响因素有:局部流态、单宽流量、落差、下游水深、下游地质条件以及水流入射角度、入水宽度、入水流速、近底流速、掺气、扩散、水流集中程度、冲刷历时等,并且由于冲刷后的河床覆盖层土石料的淤积,致使下游水深发生变化,衔接流态也随之发生改变。由于淘刷影响因素复杂,无论是软基还是岩基上的冲刷定量计算,都是基于试验和实际工程资料总结的经验公式。

1. 相对底流速分布规律

因射流的变形、扩散及旋滚等作用,不同流态下在不同位置的底流速 v_b 不同。根据郭子中的研究成果,将相对底部流速 $v_R = \dfrac{v_b}{v_1}$ 值绘制成图 2.16。

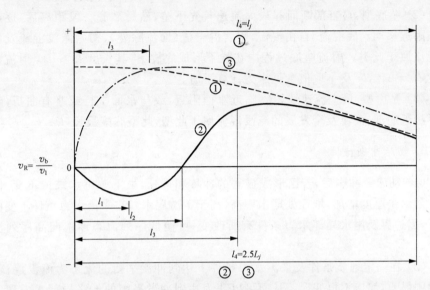

图 2.16　相对底部流速分布模式图
① 降峰型;② 谷峰型;③ 升峰型

1) 相对底流速分布模式

降峰型:首部断面 v_R 值最大,沿流逐渐衰减。混合流特例流态平底水跃属于此型,如图 2.16中线①所示。

谷峰型:首部断面 $v_R = 0$,在射流落床点上游为负流速区,下游为正流速区,然后沿流逐渐衰减,底混流、自由面流、自由混流、淹没混流及回复底混流均属此型,如图 2.16中线②所示。

升峰型:首部断面 $v_R = 0$,自射流落床点 v_b 突然增加,v_R 值最大,以后逐渐衰减,自由混流属于此型,如图 2.16 中线③所示。

2) 主要影响因素

主要影响因素为 Fr 及 ξ,θ 及 η 的影响不明显。

(1) $v_R \propto \dfrac{1}{Fr}$,说明 Fr 越大 v_R 越小,反之越大。

(2) 淹没前各型流态(底混流中的远驱及临界流态,自由面流及自由混流):$v_R \propto \xi$,说明 ξ 越大 v_R 越大,反之越小。

2. 断面最大流速分布规律

各过水断面最大流速分布图主要有如下分布模式。

(1) 贴底型：自首部断面起最大流速线贴底相当距离后，逐渐向水面附近移动。平底水跃属于此型，其贴底长度 $l_b \approx (0.5 \sim 0.8) l_j$，$l_j$ 为水跃长度。

(2) 坠底型：自首部断面起最大流速首先下坠，然后贴底一段距离后，逐渐向水面附近移动。底混流、自由混流、附着混合流（面流除外）、初始淹没混流及回复底混流属于此类。射流坠底过程中在坎下形成底旋滚，其长度 $l_r \approx l_2$，射流贴底长度 $l_x = x l_b$，l_2 及 x 取值参见水力计算手册。

(3) 贴面型：最大流速线始终临近水面附近，或与水面平行或略有曲折，但始终不接近底部，面流及全发展的淹没混流属于此型，此型底滚最长，$l_r \approx l_2$。

3. 动床冲刷特性

(1) 动床经冲刷后，若已形成显著的冲坑和堆丘，虽下游尾水维持不变，但因冲坑处水垫厚度增加，堆丘处尾水壅高（高于下游尾水），在来流水力条件不变的情况下，因边界及尾水局部水力条件有所改变，可使低序列流态逐次向高序列流态演变。

(2) 在一定地质条件及来流水力条件下达到冲淤平衡的流态为淹没混流，此时冲刷停止，河床不再变形。从而可以认为达到冲淤平衡的最终局部水力现象可能为淹没混流。

(3) 就冲刷深度而言，低序列流态严重于高序列流态，低序列流态中又以交替流最严重，冲坑距（指至鼻坎水平距离）亦同此趋势。

(4) 就冲坑范围而言，以交替流最为严重，范围最长。底混流因冲刷到一定深度之后，流态已向高序列转化，说明在可冲刷河床上不可能持续维持底混流（含平底水跃）。

(5) 回复底混流在定床上最大相对底流流速值虽与底混流相近，但因水深，其冲刷深度除略大于淹没混流之外，均低于其余各低序列流态。说明深的尾水在减轻冲刷方面有显著的作用。

(6) 各序列流态下即使发生严重的冲刷，鼻坎下游侧仍能保持一免冲三角形契形体，即回淤体，有保护鼻坎免受淘刷作用和保险建筑物基础的作用。鼻坎下产生横向回流时除外。

(7) 临坎回淤体是由于负底流速将下游冲渣挟带移往上游的结果，故负底流速不致产生严重冲刷后果。河床上最大冲刷由射流直接冲击及较大的正底流速造成。

相对于土石过水围堰的具体情况分析，土石过水围堰在平台后接的是 1：1.2～1：2.5 的堰坡，水流在低流量时，如果下游尾水未淹没平台或淹没深度不够，水流将沿堰坡入射,围堰的护坡材料受到冲刷。此时若流速大于河床覆盖层或钢筋石笼等护底材料的抗冲流速,围堰将从堰脚失稳开始发生连贯性破坏;单宽流量增大到一定程度后,坑距虽增大,但冲深也加大,淘刷范围也扩大从而造成堰脚的滑动失稳。因此对土石过水围堰的下游流态衔接设计需要特别考虑平台高度的设计和平台下护坡的设计,防止入射水流淘刷堰脚或造成下游的严重淘刷。

4. 混合流的冲淤平衡

水流对边界的摩擦与冲击,无疑是边界冲刷磨损的重要原因,但冲刷的深度与广度,还要取决于入水的单宽流量、流态、流速、入射角、尾水深、掺气量、旋滚、脉动压力、土壤颗粒、岩石产状、节理块的大小和胶结状态而定,影响因素复杂。

当边界形状与质量一定时,一般而言,摩擦和冲击力的破坏作用与流速、流量成正比而与水深成反比。

通过对混合流特性的研究,可以发现当形成淹没混流时,若河床为岩基,且单宽流量较小时,将不发生任何冲刷;若单宽流量较大但底流流速不超过河床抗冲流速时冲刷也不发展,冲淤可达到平衡状态。因为淹没混流时,射流水舌在扩散过程中已通过三个旋滚区消除了大量的能量,同时因射流的变形,冲击角显著变缓,冲击点已远离河床而趋向水面,射流不再对河床产生冲击破坏。此时只有底流速与河床的摩擦作用,若河床容许抗冲流速高于水流底流速,摩擦造成冲刷不显著。

2.6.3　围堰堰脚冲刷稳定判别分析

围堰下游堰脚的稳定判别包括抗倾稳定判别和堰脚淘刷判别。过水围堰下游为软基时,最大冲深处距围堰堰脚的距离与最大冲深的比值不小于 5~6;对于软弱破碎裂隙发育的基岩,陡倾岩层的比值不小于 3~4,缓倾岩层不小于 4~5;对于坚硬完整的陡倾岩层不小于 2.5~3.0,缓倾岩层不小于 3~4。如果下游河床淘刷的范围波及围堰堰脚,则认为堰脚受到淘刷,围堰堰脚失去稳定。

当下游河床存在严重冲刷可能时需要考虑加固,加固所需块石的粒径可以根据下式估算:

$$D = K \frac{v_b^2}{2g \dfrac{\gamma - \gamma_0}{\gamma_0}} \tag{2.50}$$

式中：D——石块换算直径,m;

　　　v_b——底流流速,m/s;

　　　K——石块形状和水流状态的综合系数,具体数值参考资料;

　　　γ、γ_0——块体和水的容重,kN/m³。

　　根据有关资料,底流流速为 3～5m/s 时,需要粒径为 40～60cm 的堆石,流速在 6m/s 以上则需要粒径为 100cm 左右的堆石,或者用粒径在 40cm 以上的钢筋石笼加固。

2.7　溃堰洪水演进水力学计算

2.7.1　一维非恒定流数值计算方法

　　当溃堰围堰下游水位较高,淹没度较大,而且随时间变化时,需要采用整体模型法来计算堰脚处出流及下游洪水演进,用数值解法来解决瞬间全溃的流量过程线。对于局部瞬间溃和瞬间全溃时下游水位较低,或虽然较高,但淹没度不随时间变化时,通常采用分段模型法,先求出堰脚处出流过程线,然后以此作为上边界输入,进行下游河道的洪水演进计算。在一维数值解法中,整体模型和分段模型基本上是一致的,不同点只是整体模型以堰前水库回水末端为上边界输入,而分段模型以堰脚处为上边界输入,前者在堰脚处有初始的水位间断,即上游水位与下游水位有一个初始水位差,溃堰后此水头差逐渐减小,以致产生堰脚处的溃堰过程线。数值解是对时、空进行差分离散,由于受计算时间和费用的限制,时间和空间的步长不能取得太小。

　　斜底有阻力、无区间入流,非规则河槽、棱柱体河槽的一维圣维南方程组为
连续方程:

$$\frac{\partial A}{\partial t} + \frac{\partial}{\partial x}(uA) = 0 \tag{2.51}$$

式中:A——河槽过流面积;

　　　u——流速;

　　　t——时间;

　　　x——沿流向方向的长度。

一维动量方程:

$$\frac{\partial(uA)}{\partial t} + \frac{\partial}{\partial x}(u^2 A) + gA\frac{\partial h}{\partial x} = gA(S_x - S_f) \tag{2.52}$$

式中:S_x——河槽底坡;

　　　S_f——摩阻坡降。

　　式(2.52)中的 $gA\frac{\partial h}{\partial x} = f_p$ 是在棱柱体河槽假定中推出的,现将式(2.52)扩充至非棱柱体河槽,作用在基元体端面上的压力为

$$F_p = \int_0^h \rho g(h - z)\xi(z)\mathrm{d}z \tag{2.53}$$

式中:$\xi(z)$——槽底以上高度为 z 处的河宽。

向下游的净压力为

$$F_p - \left(F_p + \frac{\partial F_p}{\partial x}\Delta x\right) = -\frac{\partial}{\partial x}\int_0^h \rho g(h-z)\xi(z)\mathrm{d}z\Delta x \tag{2.54}$$

两岸对主槽水体的附加压力为

$$\delta F_p^1 = \rho g\int_0^h (h-z)\frac{\partial \xi(z)}{\partial x}\mathrm{d}z \tag{2.55}$$

将附加压力式(2.55)代入式(2.54)，即非棱柱体形河槽对动量方程无影响。由式(2.54)可得

$$f_p = gA\frac{\partial h}{\partial x}$$

非棱柱体断面主要影响连续方程，非棱柱体断面的过水断面积为

$$A = \int_0^h \xi(x,z)\mathrm{d}z \tag{2.56}$$

对时间的导数为

$$\frac{\partial A}{\partial t} = \xi(x,h)\frac{\partial h}{\partial t} = B\frac{\partial h}{\partial t} \tag{2.57}$$

式中：B——河槽水面宽。

对 x 的导数为

$$\frac{\partial A}{\partial x} = \frac{\partial}{\partial x}\int_0^h \xi(x,z)\mathrm{d}z = \int_0^h \frac{\partial}{\partial x}\xi(x,z)\mathrm{d}z + \xi(x,h)\frac{\partial h}{\partial x} = \int_0^h \frac{\partial}{\partial x}\xi(x,z)\mathrm{d}z + B\frac{\partial h}{\partial x} \tag{2.58}$$

上式右端第一项为由非棱柱体形河槽展宽而增加的面积，第二项为水深增加而增加的面积。其积分通常为

$$\int_0^h \frac{\partial \xi}{\partial x}\mathrm{d}z = \left(\frac{\partial A}{\partial x}\right)_h \tag{2.59}$$

即水深不变时，面积随 x 的变化率。对于棱柱体河槽，该项等于零，而在一般情况下取决于河槽几何形状。于是得到以水深为变量的连续方程为

$$B\frac{\partial h}{\partial t} + uB\frac{\partial h}{\partial x} + u\left(\frac{\partial A}{\partial x}\right)_h + A\frac{\partial u}{\partial x} = 0 \tag{2.60}$$

在动量方程中，非棱柱形断面与棱柱形断面的表达式是完全一样的，都是式(2.52)，所不同的是：对棱柱形河槽过流面积 A 是常数，而在非棱柱形河槽中，A 是 x 的函数。

连续方程中 $\left(\frac{\partial A}{\partial x}\right)_h$ 是以水深为变量推导出来的。如以流量 Q 为变量，则

$$\frac{\partial A}{\partial t} + \frac{\partial Q}{\partial x} = 0 \tag{2.61}$$

由式(2.51)可知

$$\frac{\partial A}{\partial t} + \frac{\partial}{\partial x}(uA) = \frac{\partial A}{\partial t} + u\frac{\partial A}{\partial x} + A\frac{\partial u}{\partial x} = 0 \tag{2.62}$$

将式(2.57)、式(2.58)、式(2.59)代入式(2.51)就得出式(2.60),在实质上式(2.60)与式(2.61)是相同的。不同的是以流量 Q 为变量,避免了方程中出现 $\left(\dfrac{\partial A}{\partial x}\right)_h$ 这一项,而 $Q = uA$,实际上还是反映了其影响。

故非棱柱体河槽的基本方程为

$$\frac{\partial A}{\partial t} + \frac{\partial Q}{\partial x} = 0 \tag{2.63}$$

$$\frac{\partial Q}{\partial t} + \frac{\partial}{\partial x}\left(\frac{Q^2}{A}\right) + gA\frac{\partial y}{\partial x} = gA(S_x - S_f) \tag{2.64}$$

由以上两式看出,采用以流量 Q 为变量后,虽然反映非棱柱体河槽特性的性质完全没有改变,但是河槽沿程宽度变化的因素已由连续方程转移到动量方程,即在式(2.64)中的第二项为

$$\frac{\partial}{\partial x}\left(\frac{Q^2}{A}\right) = \frac{2Q}{A}\frac{\partial Q}{\partial x} + \left(\frac{-Q^2}{A^2}\right)\frac{\partial A}{\partial x}$$

$$= \frac{2Q}{A}\frac{\partial Q}{\partial x} - \frac{Q^2}{A^2}\frac{\partial A}{\partial x} \tag{2.65}$$

设:

$$A = ay^m$$

式中:a、m——断面指数。

则

$$\frac{\partial}{\partial x}\left(\frac{Q^2}{A}\right) = \frac{2Q}{A}\frac{\partial Q}{\partial x} - \frac{Q^2}{A^2}\frac{\partial ay^m}{\partial x}$$

$$= \frac{2Q}{A}\frac{\partial Q}{\partial x} - \frac{Q^2}{A^2}\left(may^{m-1}\frac{\partial y}{\partial x} + y^m\frac{\partial a}{\partial x} + ay^m\ln y\frac{\partial m}{\partial x}\right)$$

$$= \frac{2Q}{A}\frac{\partial Q}{\partial x} - \frac{Q^2}{A^2}may^{m-1}\frac{\partial y}{\partial x}\left(1 + \frac{y}{ma}\frac{\frac{\partial a}{\partial x}}{\frac{\partial y}{\partial x}} + \frac{y\ln y}{m}\frac{\frac{\partial m}{\partial x}}{\frac{\partial y}{\partial x}}\right) \tag{2.66}$$

式(2.66)中的 $\dfrac{\partial a}{\partial x}$ 与 $\dfrac{\partial m}{\partial x}$,实际上与 $\left(\dfrac{\partial A}{\partial x}\right)_h$ 有同样的意义,反映沿程的河宽和河形的变化,在式中右端的第二项中,可以判断出 $\dfrac{\partial m}{\partial x}$ 的影响较大。断面指数反映河道形状,矩形 $m=1$,三角形 $m=2$,抛物线形 $m=1.25\sim1.50$。一般河道中,河道宽度有大有小,河形一般变化不剧烈,可近似认为式(2.66)中括号之值为 1,即后面两项比 1 小得多,可以忽略。在洪水演进中连续方程影响较大,故将 $\dfrac{\partial a}{\partial x}$ 与 $\dfrac{\partial m}{\partial x}$ 的因素转移到动力方程,减小影响程度。

2.7.2　有限体积法

有限体积法(FVM)是在有限差分法的基础上发展起来的,它吸收了有限元法的一些优点。有限体积法生成离散方程的方法较简单,可以看成有限元加权余量法推导方程中令权函数 $\delta W = 1$ 而得到的积分方程,但其方程的物理意义完全不同。首先,积分的区域是与某节点相关的控制容积;其次,积分方程表示的物理意义是控制容积的通量平衡。有限体积法推导其离散方程是以控制容积的积分方程作为基础。

1. 有限体积法的基本方程

引入一个通用变量(或特征变量)φ,则在笛卡儿坐标系下的质量守恒方程、动量守恒方程和能量守恒方程可写成统一的形式:

$$\frac{\partial(\rho\varphi)}{\partial t} + \text{div}(\rho\varphi u) = \text{div}(\Gamma \cdot \text{grad}\varphi) + S_\varphi \tag{2.67}$$

将 φ 取为不同的变量,并取扩散系数 Γ 和源项为适当的表达式,可得到连续性方程、动量方程、能量方程、紊动能方程和紊动耗散率方程,如表 2.4 所示。

表 2.4　通用变量方程中的各参数取值

通用变量名	φ	Γ	S_φ
连续性方程	1	0	0
x-动量方程	u	μ	$-(\partial p/\partial x) + S_{Mx}$
y-动量方程	v	μ	$-(\partial p/\partial y) + S_{My}$
z-动量方程	w	μ	$-(\partial p/\partial z) + S_{Mz}$
能量方程	i	λ	$-p\,\text{div}(u) + \Phi + S_i$
紊动能方程	k	$\mu + \mu_t/\sigma_k$	$-\rho\varepsilon + \mu_t P_G$
紊动耗散率方程	ε	$\mu + \mu_t/\sigma_\varepsilon$	$-\rho C_2(\varepsilon^2/k) + \mu_t C_1(\varepsilon/k) P_G$

因此,式(2.67)可以称为通用变量方程,统一表示各变量在流体输运过程中的守恒关系。这是微分意义上的守恒,即在充分小流体微团内 φ 的守恒关系为

$$\varphi_1 + \varphi_2 = \varphi_3 + \varphi_4 \tag{2.68}$$

式中：φ_1——随时间的变化率;

φ_2——由于对流的流出率;

φ_3——由于扩散引起的增加率;

φ_4——由于源项引起的增加率。

有限体积法要对求解域进行离散,将其分割成有限大小的离散网格。在有限体积法中每一个网格节点按一定的方式形成一个包围该节点的控制容积 V(见图 2.17)。有限体积法的关键步骤是将控制微分方程式在控制容积内进行积分,即

$$\int_V \frac{\partial (\rho\varphi)}{\partial t}\mathrm{d}V + \int_V \mathrm{div}(\rho\varphi u)\,\mathrm{d}V = \int_V \mathrm{div}(\varGamma \cdot \mathrm{grad}\varphi)\,\mathrm{d}V + \int_V S_\varphi \mathrm{d}V \qquad (2.69)$$

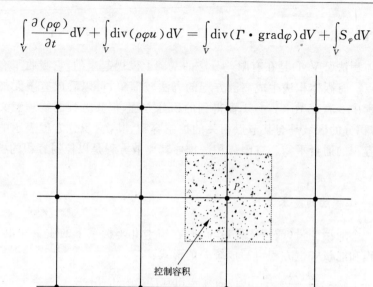

图 2.17　有限体积法的节点网格和控制容积

　　利用高斯散度定理,将上式中等号左边第二项(对流项)和等号右边第一项(扩散项)的体积积分转换为关于控制容积 V 表面 A 上的面积分。高斯散度定理表述为:对某矢量 $\boldsymbol{a}$ 的散度的体积分可写成如下形式:

$$\int_V \mathrm{div}(\boldsymbol{a})\,\mathrm{d}V = \int_A \boldsymbol{n} \cdot \boldsymbol{a}\mathrm{d}A \qquad (2.70)$$

式中: $\boldsymbol{n}$——控制容积表面外法线方向单位矢量。

　　高斯公式表述为

$$\int_V \left(\frac{\partial P}{\partial x} + \frac{\partial Q}{\partial y} + \frac{\partial R}{\partial z}\right)\mathrm{d}V = \int_A P\,\mathrm{d}y\mathrm{d}z + Q\mathrm{d}z\mathrm{d}x + R\mathrm{d}x\mathrm{d}y \qquad (2.71)$$

式(2.71)左端的被积函数正是矢量 $\boldsymbol{a} = \boldsymbol{P}\boldsymbol{i} + \boldsymbol{Q}\boldsymbol{j} + \boldsymbol{R}\boldsymbol{k}$ 的散度表达式。

　　利用式(2.70)可将式(2.69)改写为

$$\frac{\partial}{\partial t}\left(\int_V \rho\varphi\mathrm{d}V\right) + \int_A \boldsymbol{n} \cdot (\rho\varphi u)\,\mathrm{d}A = \int_A \boldsymbol{n} \cdot (\varGamma \cdot \mathrm{grad}\varphi)\,\mathrm{d}A + \int_V S_\varphi \mathrm{d}V \qquad (2.72)$$

　　这里,将式(2.72)等号左端第一项中积分和微分的顺序变换了一下,以方便说明其物理意义。这一项表明特征变量 φ 的总量在控制容积 V 内随时间的变化量。而左端第二项中 $\boldsymbol{n} \cdot (\rho\varphi u)$ 意为特征变量 φ 由于对流流动沿控制容积表面外法线方向 $\boldsymbol{n}$ 的流出率(流出)。因此方程左端第二项表示在控制容积中由于边界对流引起的 φ 的净减少量。等式右端第一项是扩散项的积分。扩散流的正方向应为 φ 的负梯度方向。而 n 为控制容积表面外法线方向,因此 $n \cdot (-\Gamma \cdot \mathrm{grad}\varphi)$ 是 φ 向控制容积外的扩散率。所以 $n \cdot (-\Gamma \cdot \mathrm{grad}\varphi)$ 就表示 φ 向控制容积内的扩散率。从而等式右端第一项的物理意义为控制容积内特征变量 φ 由于边界扩散流动引起的净增加量。

特征变量 φ 在控制容积内的守恒关系为

$$\varphi_{qt} + \varphi_{qbd} = \varphi_{qbi} + \varphi_{qin} \tag{2.73}$$

或

$$\varphi_{qt} = \varphi_{qbcc} + \varphi_{qbdc} + \varphi_{qi} \tag{2.74}$$

式中:φ_{qt}——随时间的变化量;

φ_{qbd}——由于边界对流引起的净减少量;

φ_{qbi}——由于边界扩散引起的净增加量;

φ_{qin}——由于内源项引起的净产生量;

φ_{qbcc}——由于边界对流进入控制容积的量;

φ_{qbcd}——由于边界扩散进入控制容积的量;

φ_{qi}——由于内源产生的量。

对于稳态问题,由于时间相关项为零,式(2.72)成为

$$\int_{\Delta t} \frac{\partial}{\partial t} \left(\int_V \rho \varphi \mathrm{d}V \right) \mathrm{d}t + \iint_{\Delta t A} n \cdot (\rho \varphi u) \mathrm{d}A \mathrm{d}V = \iint_{\Delta t A} n \cdot (\Gamma \cdot \mathrm{grad}\varphi) \mathrm{d}A \mathrm{d}t + \iint_{\Delta t V} S_\varphi \mathrm{d}V \mathrm{d}t$$

$$\tag{2.75}$$

2. 有限体积法的特点

(1)有限体积法的出发点是积分形式的控制方程,这一点不同于有限差分法;同时积分方程表示了特征变量 φ 在控制容积内的守恒特性。

(2)积分方程中每一项都有对应的物理意义,从而使得方程离散时,对各离散项可以给出一定的物理解释。流动问题的其他数值计算方法还不能做到这一点。

(3)区域离散的节点网格与进行积分的控制容积分立。如图 2.17 所示的二维问题离散系统,实心圆点表示节点,实线表示由节点构成的网格,图中阴影面积表示节点 P 的控制容积。一般来讲各节点有互不重叠的控制容积。从而整个求解域中场变量的守恒可以通过各个控制容积中特征变量的守恒来实现。

2.7.3 有限单元法

有限单元法(FEM)的主要优点是时间步长可以加大。其解算核心由一个三节点的双三角矩阵方程组构成,比隐式差分法的两节点三对角矩阵方程组多一个节点,精度较高。因此,如与差分法计算保持同一精度,则有限单元法计算的时间步长可以加大,节省计算时间。

第 3 章 施工洪水和导流建筑物
泄水能力的不确定性分析

洪水是施工导流风险的主要来源因素,也是水利水电工程施工导流风险的主要特点。施工洪水随机分布特征的研究是施工导流风险研究的主要内容。本章3.1、3.2、3.3 节在分析施工洪水的不确定因素的基础上,提出洪峰流量、洪水过程总量和洪水历时等施工洪水的主要不确定性因素分析方法及其特征的随机分布,建立施工洪水不确定性因素的 Monte-Carlo 耦合模型,提出反映施工洪水随机特性的模拟方法。

导流建筑物的泄流能力也是施工导流风险的来源之一。因此,本章3.4、3.5 节分析了影响导流建筑物泄流能力的因素,在不确定性分析的基础上,建立泄流能力的不确定性模型,从而实现泄流能力不确定性的模拟。

3.1 施工洪水不确定性分析

产生影响工程施工的洪水随机性因素主要有:施工围堰上游的汇水面积中的降水量的随机性以及汇水时间的随机性。

由于受到降水地点的气温、植被和地质等诸多自然因素共同影响,从降水到产流的过程十分复杂,在实践中确定洪水随机过程的分布很困难,一般可以通过随机序列样本计算某些数值特征。根据我国长期洪水序列分析和工程设计及实践经验,施工洪水的不确定性包括:洪峰不确定性、洪量不确定性和历时不确定性等。

1) 施工洪水的洪峰不确定性分析

洪水过程受多种复杂因素影响,随机变量总体分布是未知的。洪峰流量和洪量是洪水过程不确定性中的两个重要因素。多年工程实践证明,我国一般假定洪峰流量和洪量服从 P-Ⅲ型分布是合理的。P-Ⅲ型分布的密度函数如下:

$$f(x) = \frac{\beta^{\alpha}}{\Gamma(\alpha)}(X - a_0)^{\alpha-1} e^{-\beta(x-a_0)} \tag{3.1}$$

式中:α、β、a_0——P-Ⅲ型分布的形状、刻度和位置参数;

$\Gamma(\alpha)$——α 的伽玛参数。

$$\alpha = \frac{4}{C_s^2}, \quad \beta = \frac{2}{\mu_Q C_v C_s}, \quad a_0 = \mu_Q\left(1 - 2\frac{C_v}{C_s}\right) \tag{3.2}$$

式中:C_s——P-Ⅲ型分布的离差系数;

C_v——P-Ⅲ型分布的离势系数;

μ_Q——P-Ⅲ型分布的均值。

2) 施工洪水的洪量不确定性分析

洪量与洪峰的年内最大值是具有随机性的量,而且这两个量并不是统一的,即最大洪量时并不一定发生最大的洪峰,只是在最大洪量时发生最大洪峰的可能性大一些而已。根据我国长期洪水序列分析和多年工程设计及实践,洪量服从 P-Ⅲ型分布。

3) 施工洪水过程的历时不确定性分析

施工洪水的行洪历时也是一个随机量,它决定洪水过程线的"胖瘦"。对一定的洪峰,显然"胖型"洪水过程线对导流系统的安全不利。根据目前的实测资料分析,一般情况下施工洪水过程的历时服从正态分布。有关实测资料分析见3.3.1 节。

4) 施工洪水过程的综合分析

由于洪水过程随机问题不仅与空间关联,还与时间有关,需要考虑施工洪水过程中洪峰流量、洪量和历时等不确定性,其解析解难以求出,可运用 Monte-Carlo 方法耦合上述不确定性,综合求取施工洪水过程的随机序列。

3.2　施工洪水不确定性模拟

3.2.1　随机变量的生成

在系统模拟中,当系统状态变化受随机因素影响而具有随机性质时,输入的数据往往为随机变量。为了在计算机仿真过程中模拟这种随机现象,就需要根据输入数据概率分布情况产生相应的随机变量,输入仿真模型中进行模拟。

1. 随机数的产生

产生[0,1]区间均匀分布的随机数是产生各种分布的随机变量的基础。用计算机产生随机数有以下三类方式:

(1) 将随机数表输入计算机的存储系统,需要时可随时调用。

(2) 在计算机外部附加专门的物理设施,如热噪声源等,按其噪声电平产生不同的随机数。

(3) 在计算机上用数学方法产生随机数。该方法是目前在模拟计算中使用最广和发展最快的一种方法。随机数的位数取决于所用计算机的字长。由于这种随机数在理论上是可以预测的,故又称它为伪随机数。

目前常用的产生随机数的数学方法是一种乘同余法,它因产生周期长和具有良好的统计特性而得到广泛的应用。

乘同余法常用的递推算法为

$$x_i = ax_{i-1}(\mathrm{mod}m) \tag{3.3}$$

$$r_i = \frac{x_i}{m} \tag{3.4}$$

式中：a、m——改善随机数数列的周期和独立性的两个常数，两者要求互为素数。

x_i 的初值 x_0 可取任意奇数。给定 m 和 x_0 就能由式(3.3)和式(3.4)得到[0，1]区间均匀分布的随机数。

所得到的伪随机数还需要经过统计性质的检验确证是否为[0,1]区间均匀分布的随机数，确证后才能应用到仿真模型中，其中主要检验均匀性和独立性。

均匀性检验检查伪随机序列与均匀分布 X-$U(0,1)$ 随机变量理论频率的差异，用 χ^2 检验。独立性检验是检查它的前后各伪随机数的统计相关性是否异常，用相关系数 ρ 来衡量(相关系数为零是两个随机变量独立性的必要条件)。

2. 随机变量的产生

随机变量的产生是基于[0,1]区间均匀分布的随机数，产生符合特定分布的随机变量。其方法有很多种，如逆变换法、复合法、极限近似法等。下面主要介绍其中常用的两种方法。

1) 舍选法

舍选法是使一种分布函数产生随机变量并排除其中某些部分，以便使剩余的随机变量符合所要求的分布函数。该方法的具体做法如下。

设随机变量 X 的密度函数 $f(x)$ 在 (a,b) 区间上有上界 M，在区间外为零，计算步骤如下：

(1) 产生两个均匀分布随机数 R_1 及 R_2。

(2) 由 $f(x)$ 形成预期的随机变量 $x = a + (b-a)R_1$。

(3) 检验是否满足 $R_2 \leqslant f\left[\dfrac{a+(b-a)R_1}{M}\right]$。

(4) 若(3)成立，则确认 $x = a + (b-a)R_1$ 为由 $f(x)$ 产生的随机变量，否则转入(1)。

2) 逆变换法

逆变换法是在计算机上产生随机变量的最基本的方法，这种方法需要寻求概率分布函数的逆函数，而对于某些复杂的分布函数求逆比较困难，所以它适用于简单分布。

设拟产生分布函数为 F 的随机变量 x，它在 $0 < f(x) < 1$ 的条件下呈连续且严格非减，令 F^{-1} 表示 F 的反函数，则产生分布函数为 F 的随机变量 x 的算法如下：

(1) 产生[0,1]区间均匀分布的随机数 r。

(2) 设定 $x = F^{-1}(r)$。

逆变换法简单,可以比较高效地产生各种分布的随机变量。

3. 几个重要随机分布的随机数生成

1) 三角分布随机变量的产生

三角分布随机变量的产生可以采用逆变换法,则

$$x_i = \begin{cases} a + \sqrt{(b-a)(c-a)r_i} & a \leqslant x_i \leqslant b \\ c - \sqrt{(1-r_i)(c-b)(c-a)} & b < x_i \leqslant c \end{cases} \tag{3.5}$$

式中:a、b、c——三角形分布变量的下限、众数(密度最高处)及上限。

2) 正态随机变量的产生

正态分布不能直接采用逆变换法得到随机变量,通常采用如下的变换方法。设两个均匀随机数为 r_i 和 r_{i+1},则

$$\begin{cases} \varepsilon_i = \sqrt{-2\ln r_i}\cos(2\pi r_{i+1}) \\ \varepsilon_{i+1} = \sqrt{-2\ln r_i}\sin(2\pi r_{i+1}) \end{cases} \tag{3.6}$$

式中:ε_i、ε_{i+1} ——标准正态分布随机数。

由 ε_i 可得

$$y_i = \mu + \sigma_y \varepsilon_i$$

式中:μ、σ_y——正态分布的均值和标准差。

3) P-Ⅲ型随机变量的产生

P-Ⅲ型随机变量可采用均匀随机数,按式(3.6)舍选计算而得

$$x_i = a_0 + \frac{1}{\beta}\left(-\sum_{K-1}^{[\eta]}\ln r_K - B_i\ln r_i\right) \tag{3.7}$$

$$a_0 = \overline{x}\left(1 - 2\frac{C_v}{C_s}\right); \quad \eta = \frac{4}{C_v^2}; \quad \beta = \frac{2}{\overline{x}C_vC_s}$$

式中:x_i——P-Ⅲ型分布随机数;

　$\overline{x}$、C_v、C_s——P-Ⅲ型分布的三个参数,一般为已知;

　$[\eta]$——小于或等于 η 的最大整数。

参数 B_i 按下式计算:

$$B_i = \frac{r_{[\eta]+1}^{1/K}}{r_{[\eta]+1}^{1/K} + r_{[\eta]+2}^{1/s}} \tag{3.8}$$

式中:$r_{[\eta]+1}$、$r_{[\eta]+2}$——一对均匀随机数;

　K、s——按照式(3.9)和式(3.10)计算:

$$K = \eta - [\eta] \tag{3.9}$$

$$s = 1 - K \tag{3.10}$$

　　在模拟时必须使 B_i 计算公式中的分母小于或等于 1，否则舍去，再重新取一对均匀随机数计算，直到满足要求为止。P-Ⅲ 型分布随机数的生成过程见图 3.1。

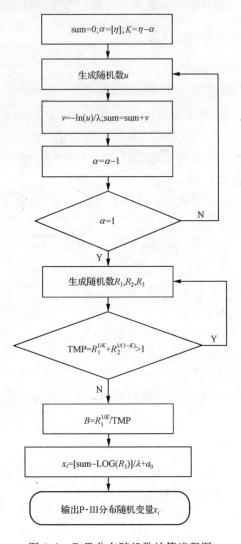

图 3.1　P-Ⅲ 分布随机数计算流程图

3.2.2　施工洪水随机变量的融合

　　通过建立随机变量的融合模型将上述洪水随机变量融合，即可根据不同的参数随机模拟施工洪水过程。随机变量的融合可采用 Monte-Carlo 方法进行，随机变量的融合模型如图 3.2 所示。

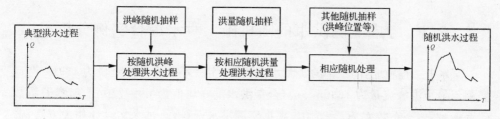

图 3.2　随机施工洪水过程模拟框图

　　模拟施工洪水是在设计典型洪水过程线的基础上分析计算得到的。单一性态的典型洪水与复杂多变的实际洪水之间必然存在着诸多的水文特性差异,施工洪水的模拟成果的有效性必须通过序列独立性、与实测资料的一致性检验等可靠性检验进行分析和验证。

　　某工程导流标准为 30 年一遇,其设计洪水过程线和使用多种方法模拟的该标准洪水过程线如图 3.3 所示。从图中可以直观地看出:综合考虑洪峰峰值和洪量因素模拟的洪水过程线比仅考虑洪峰峰值因素模拟的洪水过程线更接近设计洪水过程线。表 3.1 是主要标准的模拟洪水的洪峰、分时段洪量等特征参数与设计洪水的相对误差,其中最大相对误差仅为 0.0218。图 3.3 和表 3.1 的数据分析说明上述施工洪水随机变量的融合模型是可靠的。

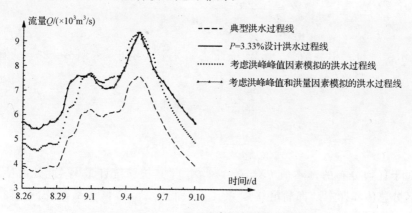

图 3.3　$P=3.33\%$ 的设计和模拟洪水过程线

表 3.1　主要标准的设计和模拟洪水的洪峰、分时段洪量相对误差表

项目	$P=1\%$	$P=2\%$	$P=3.33\%$	$P=5\%$
洪峰峰值	0.0026	0.0014	0.0000	0.0003
W_{1p}	0.0002	0.0054	0.0060	0.0049
W_{3p}	0.0218	0.0131	0.0119	0.0086
W_{7p}	0.0158	0.0125	0.0104	0.0105
W_{15p}	0.0039	0.0023	0.0016	0.0012

3.3　考虑实测洪水的随机施工洪水综合实例分析

某水电工程坝址有 28 年的实测水文资料,实测年最大洪峰流量为 $13910\text{m}^3/\text{s}$,实测年最小洪峰流量为 $1630\text{m}^3/\text{s}$。全年洪水洪峰均值为 $\mu=7770\text{m}^3/\text{s}$,变差系数 $C_\text{v}=0.42$,偏态系数 $C_\text{s}/C_\text{v}=5.0$。根据实测洪水资料,通过水文设计相关方法,选取系列中具有代表性的实测洪水为典型洪水,选取主要洪峰部分为典型洪水历时(其洪峰流量为 $13910\text{m}^3/\text{s}$、典型时段内洪量为 $2.1844\times10^{10}\text{m}^3$,均为 28 年实测系列中的最大值),并作相关处理。

3.3.1　实测洪水的历时分布实例分析

假设本例洪水过程历时服从正态分布。由于实测洪水过程资料较少,采用 W 检验法。

W 检验法是 Shapiro 与 Wilk 于 1965 年提出的,该方法是由样本 $(X_1,X_2,\cdots,X_n)$ 的顺序统计量 $[X_{(1)},X_{(2)},\cdots,X_{(n)}]$ 构成检验统计量 W:

$$W=\frac{\left\{\sum_{k=1}^{l} a_k[X_{(n+1-k)}-X_{(k)}]\right\}^2}{\sum_{i=1}^{n}[X_{(i)}-\overline{X}]} \tag{3.11}$$

式中:a_k——与 n 相关的量,由 W 统计法相关数表给出,本例 $n=28$,a_k 值可见表 3.2。

$$l=\begin{cases} \dfrac{n}{2}, & n\text{ 为偶数} \\[2mm] \dfrac{n-1}{2}, & n\text{ 为奇数} \end{cases}$$

对于任何分布的样本值 $(X_1,X_2,\cdots,X_n)$,其检验统计量 W(此处简便起见,没有区分总体和样本),都满足 $0\leqslant W\leqslant 1$,而且 $(X_1,X_2,\cdots,X_n)$ 的分布越接近正态分布,W 就越接近 1。W 检验的法则为:

若 $W\leqslant W_\alpha$,则拒绝正态性假设;

若 $W_\alpha<W\leqslant 1$,则接受正态性假设,即认为总体服从正态分布。

其中:W_α 由 W 检验法相关数表给出,是与 n 和分位点 α 相关的量。本例取分位点 $\alpha=0.05$,$W_\alpha=0.924$。

本例样本数据 $n=28$,$l=14$,使用相关计算数据见表 3.2,$X_{(i)}$ 单位为小时。

表 3.2　施工洪水过程的历时分析

k	$X_{(k)}$	$X_{(n+1-k)}$	$X_{(n+1-k)} - X_{(k)}$	a_k	k	$X_{(k)}$	$X_{(n+1-k)}$	$X_{(n+1-k)} - X_{(k)}$	a_k
1	345	750	405	0.4328	8	492	618	126	0.1162
2	410	720	310	0.2992	9	510	600	90	0.0965
3	439	697	258	0.2510	10	510	570	60	0.0778
4	459	666	207	0.2151	11	520	569	49	0.0598
5	462	636	174	0.1857	12	522	564	42	0.0424
6	462	624	162	0.1601	13	534	564	30	0.0253
7	465	624	159	0.1372	14	537	552	15	0.0084

通过上述统计检验模型计算得 $W = 0.9872$ 而 $W_{0.05} = 0.924$，$W_a < W \leqslant 1$，所以可以认为洪水过程历时服从正态分布。

3.3.2　施工洪水随机模拟分析

根据上述洪水统计参数，使用随机模拟抽样，使用施工洪水随机变量的融合方法得到长度为 100×10^3 的模拟洪水系列。对模拟洪水系列进行统计分析，得到对应频率下的洪水过程线及对应的时段总洪量。分析工具界面如图 3.4、图 3.5 所示。

综合考虑历史洪水，对模拟洪水系列进行频率分析，得到理论重现期为：50年一遇、28 年一遇、20 年一遇、18 年一遇的洪水过程，与实测系列最大洪水对比绘制于图 3.6 中，相应的洪峰流量、时段总洪量、最高上游水位如表 3.3 所示。

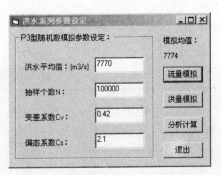

图 3.4　随机模拟洪水计算界面

图 3.5　洪水系列计算分析模型界面

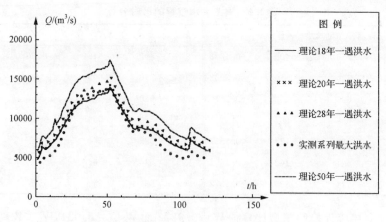

图 3.6 理论洪水与实测洪水过程线比较

表 3.3 理论各频率下洪水与实测洪水特征值比较

洪水标准	洪峰流量/(m³/s)	总洪量/(×10⁹ m³)	最高上游水位/m
50 年一遇	17400	29.312	652.55
28 年一遇	15460	26.004	646.35
20 年一遇	14313	24.041	642.69
18 年一遇	13964	23.445	641.57
实测第 13 年(最大)	13910	21.844	642.28

从图 3.7 中可以看出,随机施工洪水模拟得到的施工洪水与典型洪水过程特征基本相同。实测 28 年系列中最大洪水与理论 18 年一遇的洪水相当,相对水平较低,不考虑历史洪水的标准分析将在 4.2.3 节中提及。

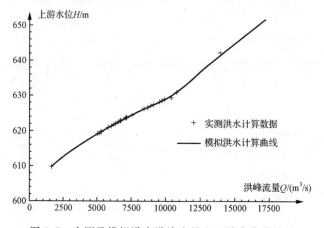

图 3.7 实测及模拟洪水洪峰流量和上游水位的关系

3.4　导流建筑物泄流能力的不确定性分析

导流建筑物是水利水电工程枢纽的重要组成部分,其设计、施工和运行的成败关系到工程顺利建设。在施工导流系统中,泄水建筑物的规模及布置决定导流系统的泄流能力和挡水建筑物的上下游水位。导流建筑物的设计、施工过程中存在误差是导致水力参数不确定性的主要原因,与泄流建筑物水力参数密切相关,如糙率、过水断面面积、湿周和底坡等。

导流建筑物泄流的水力参数不确定性是影响导流建筑物泄流能力的主要因素。对于导流建筑物,其泄流能力一般由曼宁方程描述:

$$Q = \frac{1}{n} A^{5/3} \chi^{-2/3} s^{1/2} \tag{3.12}$$

式中：n——糙率系数；

　　　A——过水断面面积；

　　　χ——湿周；

　　　s——底坡。

由于曼宁方程只是描述恒定均匀流动的,而实际导流建筑物往往是非恒定非均匀流动。可采用修正因子 λ 对曼宁方程进行修正,则泄流能力 Q 为

$$Q = \frac{\lambda}{n} A^{5/3} \chi^{-2/3} s^{1/2} \tag{3.13}$$

水力参数 n、A、χ、s 等具有不确定性,如果各水力参数的密度函数为已知,根据泄流能力和水力参数的关系,理论上就可以得出泄流能力的密度函数。

国内外目前缺乏大量资料来准确确定上述水力参数的随机分布概率,常对其分布进行假设以便分析研究。引起过水断面面积、湿周和底坡不确定性的主要原因是施工测量误差和材料的不确定性。根据一些工程经验和学者的分析以及已有糙率资料,假设过水断面面积、湿周和底坡近似服从正态分布;假设糙率系数 n 近似服从三角形分布,其众数(密度最高处)n_b、最小值 n_a 和最大值 n_c。

3.5　泄流能力的不确定性分析

3.5.1　泄流能力随机参数

1. 实际泄洪能力的概率分布

在导流建筑物规模确定的情况下,受泄流建筑物水力参数等不确定性影响,导流系统的泄流量是一个随机量。导流系统泄流能力的不确定性和泄流建筑物水力

参数如过水面积 A、湿周 χ、底坡 s 和糙率 n 的不确定性有关。水力参数不确定性主要来自于导流建筑物的施工、运行过程中的误差。施工导流系统最常用的导流建筑物是导流明渠和导流隧洞,另外还可利用束窄河床、渡槽、涵管等导流。下面以导流明渠和导流隧洞为例讨论泄洪能力的特性。

　　工程实践证明,导流建筑物过水能力受到多因素制约,这些因素中的变量又多属随机变量或随机函数,因此导流建筑物的渲泄能力是不确定的,是和一定概率相对应的。

　　1) 明渠导流

　　当导流建筑物采用明渠导流时,计算公式可表示为

$$Q_1 = \frac{A^{5/3}}{\chi^{2/3}} \frac{\sqrt{s}}{n} \tag{3.14}$$

式中: Q_1——导流明渠宣泄流量;

　　　 A——过水断面积;

　　　 χ——过水断面湿周;

　　　 s——底坡;

　　　 n——糙率。

　　若采用梯形断面的明渠,则有

$$Q_1 = \frac{[(b+mh)h]^{5/3}}{(b+2h\sqrt{1+m^2})^{2/3}} \frac{\sqrt{s}}{n} = Q_1(n,s,h,b,m) \tag{3.15}$$

式中: h——水深;

　　　 m——边坡系数;

　　　 b——明渠底宽。

　　2) 隧洞导流

　　当导流建筑物采用导流隧洞时,若为有压恒定淹没出流时,泄流计算公式为

$$Q_1 = \mu_c A \sqrt{2gz} \tag{3.16}$$

式中: μ_c——淹没出流时流量系数;

　　　 A——隧洞断面积;

　　　 z——上下游水位差。

　　对于圆形断面,式(3.16)可具体地表示为

$$Q_1 = \frac{1}{\sqrt{124.5\dfrac{n^2 L}{d^{4/3}} + \zeta}} \frac{\pi d^2}{4} \sqrt{2gz} \tag{3.17}$$

式中: d——导流隧洞洞径;

　　　 L——导流隧洞洞长;

　　　 ζ——局部水头损失系数之和。

　　由式(3.15)及式(3.17)可以看出,由于材料可变性、结构物定线不准、施工公

差及施工技术等施工不确定性,使得影响泄流能力的各水力因子均为不确定的随机变量。例如糙率是反映导流建筑物水力阻力的一个综合性随机变量,既受建筑物本身的因素影响,也受水流方面的因素影响,而这些因素都具有随机性。作为多元随机变量或随机函数的函数,糙率自然也是随机变量或随机函数。其他影响导流泄水能力的诸因素实际上也是类似的。因此如果不考虑模型不确定性的影响,则泄流能力为式(3.15)和式(3.17)表示的多元随机变量的函数。由于导流建筑物的泄流能力是多元随机变量的函数,要准确地给出其概率分布较困难。而有关的研究表明,概率的分布形式对设计流量随机分布的结果影响并不敏感。因此,假设泄流能力服从位置参数 $\mu_Q = \overline{Q}_1$ 和尺度参数 $\sigma_{Q_1} = C_{Q_1} \overline{Q}_1$ 的正态分布,因此概率密度函数为

$$f_1(Q_1) = K \frac{1}{\sqrt{2\pi} C_{Q_1} \overline{Q}_1} \exp\left[-\frac{(Q_1 - \overline{Q}_1)^2}{2 C_{Q_1}^2 \overline{Q}_1^2}\right] \qquad (3.18)$$

式中：$\overline{Q}_1$——流量的均值；

　　　　C_{Q_1}——泄流能力的变差系数；

　　　　K——修正系数。

修正系数 K 是考虑泄流能力 Q_1 的实际范围为 $Q_1 \in [0, +\infty)$,故将原正态分布 $Q_1 \in (-\infty, 0)$ 的区间截去,并用修正系数 K 修正,使 $F = \int_0^\infty f_1(Q_1)\mathrm{d}Q_1 = 1$。
K 可用下式计算：

$$K^{-1} = \int_0^\infty \frac{1}{\sqrt{2\pi} C_{Q_1} \overline{Q}_1} \exp\left[-\frac{(Q_1 - \overline{Q}_1)^2}{2 C_{Q_1}^2 \overline{Q}_1^2}\right]\mathrm{d}Q_1 \qquad (3.19)$$

或

$$K^{-1} = 1 - \Phi\left(-\frac{1}{C_{Q_1}}\right) \qquad (3.20)$$

式中：Φ——累积标准正态分布函数。

在很多情况下,K 与 1 很接近,近似计算可取 1。

2. 流量的均值和变差系数

分别将式(3.15)和式(3.17)在流量函数中各水力因子的均值 $\overline{x}$ 附近展开成泰勒级数,有

$$Q_1 = Q_1(x) + \sum_i \left(\frac{\partial Q_1}{\partial x_i}\right)_{\overline{x}} (x_i - \overline{x}_i) + \frac{1}{2!}\left[\sum_i \left(\frac{\partial^2 Q_1}{\partial x_i^2}\right)_{\overline{x}} (x_i - \overline{x}_i)^2\right.$$

$$\left. + \sum_{i \neq j} \left(\frac{\partial^2 Q_1}{\partial x_i \partial x_j}\right)_{\overline{x}} (x_i - \overline{x}_i)(x_j - \overline{x}_j)\right] + \cdots \qquad (3.21)$$

式中：$\overline{x}$——水力因子的均值,梯形渠槽为 $\overline{x} = \overline{n}、\overline{s}、\overline{h}、\overline{b}、\overline{m}$,隧洞 $\overline{x} = \overline{n}、\overline{z}、\overline{d}、\overline{L}、\overline{\xi}$；

　　　　x_i——对梯形渠槽表示 $n、s、h、b、m$,对导流隧洞表示 $n、z、d、L、\zeta$；

$\left(\frac{\partial Q_1}{\partial x_i}\right)_{\overline{x}}、\left(\frac{\partial^2 Q_1}{\partial x_i^2}\right)_{\overline{x}}、\left(\frac{\partial^2 Q_1}{\partial x_i \partial x_j}\right)_{\overline{x}}$ —— $\frac{\partial Q_1}{\partial x_i}、\frac{\partial^2 Q_1}{\partial x_i^2}、\frac{\partial^2 Q_1}{\partial x_i \partial x_j}$ 在 $\overline{x}$ 处的值。

对式(3.21)取均值,则得

$$Q_1 = Q_1(\overline{x}) + \frac{1}{2!} \sum_i \left(\frac{\partial^2 Q_1}{\partial x_i^2}\right)_{\overline{x}} \mathrm{var}(x_i) + \sum_{i<j} \left(\frac{\partial^2 Q_1}{\partial x_i \partial x_j}\right)_{\overline{x}} \mathrm{cov}(x_i, x_j) + \cdots$$

$$(3.22)$$

由于 x_i 是在均值附近的较小范围内取值,故式(3.22)中的方差及协方差均为高阶小量。为简化计,只保留式(3.22)右边第一项,而将其余各项略去,可得

$$Q_1 = Q_1(\overline{x}) \tag{3.23}$$

对式(3.23)取方差,此时忽略该式右边第三项和以后各项,简化后近似可得

$$\mathrm{var}(Q_1) = \sum_i \left(\frac{\partial Q_1}{\partial x_i}\right)_{\overline{x}}^2 \mathrm{var}(x_i) + 2 \sum_{i<j} \left(\frac{\partial Q_1}{\partial x_i}\right)_{\overline{x}} \left(\frac{\partial Q_1}{\partial x_j}\right)_{\overline{x}} \mathrm{cov}(x_i, x_j) \tag{3.24}$$

在流量函数中各水力因子被看作独立随机变量后,则有

$$C_{Q_1}^2 = \frac{1}{Q_1^2} \sum_i \left(\frac{\partial Q_1}{\partial x_i}\right)_{\overline{x}}^2 \overline{x}_i^2 C_{x_i}^2 \tag{3.25}$$

式中: C_{x_i} ——x_i 的变差系数。

根据式(3.23)及式(3.25)可分别采用下列公式对泄流量的均值 $\overline{Q}_1$ 和变差系数 C_{Q_1} 进行计算。

(1) 梯形导流明渠:

$$\overline{Q}_1 = Q_1(\overline{n}, \overline{s}, \overline{h}, \overline{b}, \overline{m}) \tag{3.26}$$

$$C_{Q_1} = \left[\left(\frac{\partial Q_1}{\partial n}\right)^2 \overline{n}^2 C_n^2 + \left(\frac{\partial Q_1}{\partial s}\right)^2_{\overline{x}} \overline{s}^2 C_s^2 + \left(\frac{\partial Q_1}{\partial h}\right)^2_{\overline{x}} \overline{h}^2 C_h^2 + \left(\frac{\partial Q_1}{\partial b}\right)^2_{\overline{x}} \overline{b}^2 C_b^2 + \left(\frac{\partial Q_1}{\partial b}\right)^2_{\overline{x}} \overline{m}^2 C_m^2\right]^{\frac{1}{2}} \frac{1}{Q_1^{1/2}}$$

$$= \left(C_n^2 + \frac{1}{4} C_s^2 + \left\{\frac{\overline{h}}{3}\left[\frac{5(\overline{b} + 2\overline{mh})}{(\overline{b} + \overline{mh})\overline{h}} - \frac{4\sqrt{1 + \overline{m}^2}}{\overline{b} + 2\overline{h}\sqrt{1 + \overline{m}^2}}\right]\right\}^2 C_h^2\right.$$

$$+ \left[\frac{\overline{b}}{3}\left(\frac{5}{\overline{b} + \overline{mh}} - \frac{2}{\overline{b} + 2\overline{h}\sqrt{1 + \overline{m}^2}}\right)\right] C_m^2$$

$$+ \left\{\frac{\overline{mh}}{3}\left[\frac{5}{\overline{b} + \overline{mh}} - \frac{4\overline{m}}{\sqrt{1 + \overline{m}^2}(\overline{b} + 2\overline{h}\sqrt{1 + \overline{m}^2})}\right]\right\} C_m^2\right)^{\frac{1}{2}} \tag{3.27}$$

$$= \frac{[(b + \overline{mh})\overline{h}]^{5/3}}{(\overline{b} + 2\overline{h}\sqrt{1 + \overline{m}^2})^{2/3}} \frac{\sqrt{\overline{s}}}{\overline{n}}$$

(2) 导流隧洞:

$$\overline{Q}_1 = \overline{Q}_1(\overline{n}, \overline{z}, \overline{d}, \overline{L}, \overline{\zeta}) = \frac{1}{\sqrt{124.5 \dfrac{\overline{n}^2 \overline{L}^2}{\overline{d}^{4/3}} + \zeta}} \frac{\pi}{4} \overline{d}^2 \sqrt{2g\overline{z}} \tag{3.28}$$

$$C_{Q_1} = \frac{1}{\overline{Q}_1^{1/2}}\left[\left(\frac{\partial Q_1}{\partial n}\right)^2_{\overline{x}} \overline{n}^2 C_n^2 + \left(\frac{\partial Q_1}{\partial z}\right)_{\overline{x}} \overline{z}^2 C_z^2 + \left(\frac{\partial Q_1}{\partial d}\right)^2_{\overline{x}} \overline{d}^2 C_d^2 + \left(\frac{\partial Q_1}{\partial d}\right)^2_{\overline{x}} \overline{L}^2 C_L^2\right.$$

$$\left. + \left(\frac{\partial Q_1}{\partial z}\right)_{\overline{x}} \overline{\zeta}^2 C_\zeta^2\right]^{\frac{1}{2}} = \left[\frac{1}{4} C_z^2 + \left(\frac{124.5\,\overline{n}^2\,\overline{L}}{124.5\,\overline{n}^2\,\overline{L} + \overline{\zeta}\,\overline{d}^{4/3}}\right)^2 C_n^2 + \left(\frac{249.0\,\overline{n}^{2-}\,\overline{L} + \overline{\zeta}\,\overline{d}^{4/3}}{124.5\,\overline{n}^{2-}\,\overline{L} + \overline{\zeta}\,\overline{d}^{4/3}}\right)^2 C_d^2\right.$$

$$+ \left(\frac{62.3\,\overline{n}^2\,\overline{L}}{124.5\,\overline{n}^2\,\overline{L} + \overline{\zeta}\,\overline{d}^{4/3}} \right)^2 C_L^2 + \left(\frac{\overline{\zeta}\,\overline{d}^{4/3}}{249.0\,\overline{n}^2\,\overline{L} + 2\,\overline{\zeta}\,\overline{d}^{4/3}} \right)^2 C_{\zeta}^2 \Big]^{\frac{1}{2}} \quad (3.29)$$

式中：$\overline{n}$、$\overline{s}$、$\overline{h}$、$\overline{b}$、$\overline{m}$、$\overline{z}$、$\overline{d}$、$\overline{L}$、$\overline{\zeta}$ ——n、s、h、b、m、z、d、L、ζ 的均值；

$\left(\dfrac{\partial Q_1}{\partial m} \right)_{\overline{x}}$ ——各水力因子均取均值的 $\dfrac{\partial Q}{\partial m}$ 值；$\left(\dfrac{\partial Q_1}{\partial s} \right)_{\overline{x}}$、$\left(\dfrac{\partial Q_1}{\partial h} \right)_{\overline{x}}$、$\left(\dfrac{\partial Q_1}{\partial b} \right)_{\overline{x}}$、

$\left(\dfrac{\partial Q_1}{\partial m} \right)_{\overline{x}}$、$\left(\dfrac{\partial Q_1}{\partial z} \right)_{\overline{x}}$、$\left(\dfrac{\partial Q_1}{\partial d} \right)_{\overline{x}}$、$\left(\dfrac{\partial Q_1}{\partial L} \right)_{\overline{x}}$、$\left(\dfrac{\partial Q_1}{\partial \zeta} \right)_{\overline{x}}$ 意义同 $\left(\dfrac{\partial Q_1}{\partial m} \right)_{\overline{x}}$；

C_n、C_s、C_h、C_b、C_m、C_z、C_d、C_L、C_{ζ} ——n、s、h、b、m、z、d、L、ζ 的变差系数。

各水力因子的均值和变差系数可近似地假定它们服从三角形分布。

三角形分布的概率密度函数及分布函数分别为

$$f(x_i) = \begin{cases} \dfrac{2(x_i - a_i)}{(b_i - a_i)(c_i - a_i)} & a_i \leqslant x_i \leqslant b_i \\[3mm] \dfrac{2(c_i - x_i)}{(c_i - a_i)(c_i - b_i)} & b_i \leqslant x_i \leqslant c_i \\[3mm] 0 & \text{其他} \end{cases} \quad (3.30)$$

$$F(x_i) = \begin{cases} \dfrac{(x_i - a_i)^2}{(b_i - a_i)(c_i - a_i)} & a_i \leqslant x_i \leqslant b_i \\[3mm] 1 - \dfrac{(c_i - x_i)^2}{(c_i - a_i)(c_i - b_i)} & b_i < x_i \leqslant c_i \\[3mm] 0 & \text{其他} \end{cases} \quad (3.31)$$

其相应的均值和变差系数分别由下两式求得：

$$\overline{x}_i = \frac{1}{3}(a_i + b_i + c_i) \quad (3.32)$$

$$C_{x_i} = \frac{1}{2} - \frac{a_i b_i + b_i c_i + c_i a_i}{6\,\overline{x}_i^2} \quad (3.33)$$

式中：x_i ——某一水力因子；

a_i、b_i、c_i ——各水力因子的最小值、众数和最大值。a_i、b_i、c_i 通过导流建筑物施工及其运行的统计资料来确定。

3.5.2　泄流能力随机模拟与概率模型反演

根据对各水力参数不确定性的分析，运用 Monte-Carlo 法模拟导流系统联合泄流的泄流能力，通过联合泄流模型计算得到联合泄流能力 Q 系列，联合泄流能力模拟分析流程如图 3.8 所示。

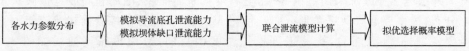

图 3.8　联合泄流能力模拟分析流程

1. 随机分布类型特征分析方法简述

多不确定性综合影响的水电工程泄流能力表现出复杂的随机特征(以下称"待定随机分布"),为了确定其主导分布类型可采用以下检验分析步骤:

(1) 根据相关理论和经验,初步拟定与待定随机分布接近的统计分布作为候选分布。

(2) 将待定随机分布的密度函数或分布函数与候选分布模型的相应特征进行比较,并得到表征符合程度的指标。

(3) 进行指标分析,选择某一候选分布代表待定随机分布。

对于使用密度函数表达的待定随机分布,可令:

$$T = \sum_{i=1}^{n} (t_i - x_i)^2 \tag{3.34}$$

式中:t_i——候选统计分布的密度函数值,由候选统计分布的参数所确定;

$\quad\ \ x_i$——泄流能力统计的密度值。

显然,不同的候选统计分布参数将会得到不同的 T 值。一般认为 T 取最小值时的候选分布为最接近待定随机分布的该类型分布。

对于使用分布函数表达的待定随机分布,可令:

平均偏差尺度 B_1:

$$B_1 = \int_0^1 (x_{pf} - x_p) \mathrm{d}p \tag{3.35}$$

平均绝对值偏差尺度 B_2:

$$B_2 = \int_0^1 | x_{pf} - x_p | \mathrm{d}p \tag{3.36}$$

均方根偏差尺度 B_3:

$$B_3 = \left[\int_0^1 (x_{pf} - x_p)^2 \mathrm{d}p \right]^{1/2} \tag{3.37}$$

式中:x_{pf}——概率 p 对应的候选分布自变量值;

$\quad\ \ x_p$——概率 p 对应的待定分布自变量值。

当 $B_2 = 0$ 时,说明假设分布与模拟分布完全一致;B_1 值表示偏差的对称程度;B_3 值表示绝对偏差程度。可根据上述 3 种尺度,拟优选择最佳分布。

2. 泄流建筑物随机泄流能力的统计特征分析

某水电工程施工采用隧洞导流,隧洞过水断面面积、湿周和底坡近似服从正态分布;糙率近似服从三角形分布。使用 Monte-Carlo 方法综合前述泄流能力影响因素,模拟泄流能力,统计得到模拟密度函数曲线,模拟密度曲线如图 3.9 所示。

为分析导流洞的泄流能力(Q)的分布函数类型特征,采用常见的三角形分布

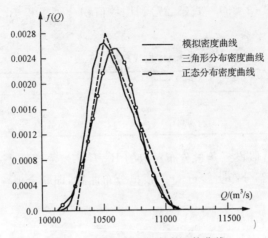

图 3.9　泄流能力的密度函数曲线

和正态分布作为导流洞泄流能力的候选概率模型。候选三角形分布的密度曲线与候选正态分布的密度曲线如图 3.9 所示,导流洞泄流能力随机分布采用密度函数表达,应用上述方法进行随机分布模型特征分析。三角形分布检验参数用 T_{min} 表示,正态分布检验参数用 L_{min} 表示。$T_{min}=0.173\times10^{-6}$,$L_{min}=1.47\times10^{-6}$。显然 $T_{min}<L_{min}$,因此认为导流洞的泄流能力较接近三角形分布,其分布参数 a(下限)、b(众数)和 c(下限)可以通过模拟泄流能力的统计资料确定。

3. 导流底孔和缺口联合泄流随机泄流能力的统计特征分析

某水电工程施工采用底孔和缺口联合泄流的导流方式。影响导流底孔泄流能力的不确定性因素主要有流量系数和导流底孔过水断面面积,根据误差理论初步考虑流量系数服从三角形分布,过水断面面积服从正态分布;影响缺口泄流能力的不确定性因素主要有缺口过水宽度和流量系数,初步考虑缺口过水宽度服从正态分布,流量系数服从三角形分布。运用 Monte-Carlo 方法综合前述不确定性因素,模拟联合泄流能力(Q),得到一系列 Q 值,经统计分析,其分布函数 $F(Q)$ 如图 3.10 所示。

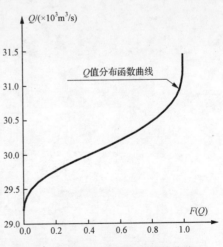

图 3.10　模拟 Q 值分布函数曲线

为确定该工程导流系统联合泄流的随机分布类型特征,采用常见的正态分布和三角形分布作为联合泄流能力(Q)的候选概率模型,根据式(3.35)~式(3.37)利用数值积分可求得 B_1、B_2、B_3,其结果列于表 3.4。

表 3.4　拟优尺度成果表

假设分布模型	B_1	B_2	B_3
正态分布	50.0442	52.1948	56.0486
三角分布	24.0361	24.0361	24.9581

由表 3.4 可知,假设三角形分布对应的 B_1、B_2、B_3 小于正态分布对应的值,表明三角形分布比正态分布更接近 Q 的模拟分布曲线,即联合泄流能力 Q 的分布更接近三角形分布。

第4章　土石过水围堰度汛风险分析

土石过水围堰是水利水电工程施工导流中具有挡、溢结合作用的导流建筑物，其运行工况相对复杂。本章重点介绍了土石过水围堰导流标准的选择方法，分析了土石过水围堰的溢流工况与特点。针对土石过水围堰下游护板稳定性，提出了围堰下游混凝土护板的溢流稳定性分析方法与判别，并论述了过水围堰护板下反滤层的可靠性分析方法和下游堰脚防冲的分析方法。

4.1　概　　述

过水围堰淹没基坑导流方式的特点是围堰既可以挡水又能够过水。在枯水期洪水流量较小时围堰挡水，基坑内水工建筑物可以正常施工；在洪水期围堰堰顶溢洪，基坑淹没过水，基坑内水工建筑物停止施工。采用这种基坑淹没导流方式，可以减小临时导流建筑物的规模，降低临时工程的费用，缩短临时工程的建设工期，既为主体工程的施工创造有利条件，又能降低建设投资，在施工工期和经济方面具有显著的优越性和巨大的应用前景。过水围堰施工导流方案选择是基坑淹没法导流方式中关键问题之一。选择不同的施工导流设计流量，每年能进行基坑施工的时间就不同。设计挡水标准高，导流建筑物(包括挡水及泄水建筑物)的费用就大，但有效施工时间长；反之，设计挡水标准低，导流建筑物的费用固然低，但基坑内的有效施工时间也短。合理的施工导流可以加快施工进度、降低工程造价，否则会使工程增加投资，延误工期，甚至引起工程事故。因此，土石过水围堰施工导流风险研究是水利水电工程建设的迫切需求。

正是由于土石过水围堰的优越性，越来越多的山区水利水电工程采用了土石过水围堰导流方式。自20世纪80年代以来，我国在建和已建的二十余座著名水利枢纽工程中，就有一半以上采用土石过水围堰参与导流，刘家峡、柘溪、乌江渡、新安江、东风、普定、隔河岩和滩坑等工程都采用了过水围堰。对土石过水围堰的特性研究也越来越受到重视，如土石过水围堰的失稳方式、导流标准、下游护坡及垫层的稳定性、最不利流量等。

土石过水围堰作为泄水结构，过堰水流将冲刷堰面以及堰脚，影响围堰的稳定性，无论采取何种护坡形式，造成其失稳的主要原因都是由于受到水流的拖曳力、脉动压力、浮升力等的综合作用，这些力一般随着过堰水流流速的增加而增大。流速越大，其作用也越强。而护坡失稳的部位，大多在接近下游尾水位处的坡面上。

下游尾水位附近,一般处于水跃前沿部位,水流紊动剧烈,坡面水流速度较大,是护坡失稳的重点带。根据工程实践和水工模型资料分析,混凝土板的失稳过程几乎是突发的,一般紧随在板头部发生抬高之后。因此,可以认为下游尾水位处流速达最大,也就是流速水头最大时的溢流工况为过水期最不利溢流工况,对应的流量为过水期最不利流量。

一般在过水围堰下游设置水跃平台用以控制过堰水流的水跃,使水跃尽量发生在平台上。平台高度一般低于下游围堰堰顶高程,避免围堰下游出现冲刷较大的底混流等流态。过堰水流的衔接,多是淹没混流和淹没面流,主流尽可能位于水面,河床底部流速较小,河床覆盖层底部较大的颗粒不易被水流冲刷,河床覆盖层小的颗粒被水流携带至下游淤积起来,而大的河床颗粒起到了护底作用。河床的淘刷、冲坑的深度和坑距都会影响堰脚的稳定。若冲坑较深,坑距坑深比大于河床覆盖层的容许滑动失稳坡度时,冲坑上游侧覆盖层将坍塌,加大了围堰淘刷范围。若河床的淘刷范围波及围堰堰脚,则围堰堰脚会发生淘刷失稳。围堰堰脚土石料的流失加大了过水后围堰修复的工程量。

4.2 土石过水围堰挡水期导流标准

采用过水围堰,保证枯水期基坑干地施工,洪水期围堰过水溢流,允许基坑淹没。虽然在一定程度上损失了基坑的施工时间,但降低了挡水和泄水建筑物的工程规模,即降低了临时建筑物的投资费用,赢得了施工过程防洪度汛的主动权。

为了设计施工导流建筑物,就必须选择建筑物施工和运用期内可能遭遇的最大施工导流量或最不利过堰流量,作为该建筑物的设计流量,即导流设计流量。而施工导流标准研究,主要是选择施工导流设计流量。研究施工导流标准的目的,应是使导流设计流量尽量符合自然来流量,既要安全,又要经济,过于保守或过于冒险都是不恰当的。因此,土石过水围堰挡水期导流标准是影响施工导流经济性、安全性的决定性因素,同时又是导流建筑物规模设计的依据,是水利水电工程中经济和技术的关键性指标,研究具有重要的理论和实际意义。

4.2.1 过水围堰挡水期施工导流标准选择方法

影响过水围堰挡水期导流标准选择的因素主要有以下三个方面:基坑工期长短、河流水文特性以及经济合理性,并需要采用一定的方法选择过水围堰挡水时段的导流标准。

1. 影响因素分析

影响挡水标准选择的因素很多,由于河流的水文特性不同,每个工程基坑工程量大小及所需的工期不同,而且不同工程的导流方式及导流建筑物的型式、规模也不同,很难采用某一固定的标准予以衡量。

(1)基坑工期长短。衡量导流方案的优劣,必须分析方案工程量、造价、施工复杂程度,以及施工总进度等因素,其中主体工程进度对导流方案的影响是最主要的因素。因此,过水围堰挡水标准的选择必须充分重视工期的要求。选定的挡水标准高,基坑有充分的施工工期,但导流建筑物的规模加大,导流工程造价增加,导流工程本身的施工工期还有可能延长。相反,如果选定的挡水标准低,减小了导流建筑物本身的规模,但因基坑过水频繁,有效工期短,不能保证主体工程迅速出水,可能推迟施工总进度。因此,在挡水标准选择过程中,应该详细分析主体工程各个部位工程量,特别是水下部分工程量,确保在选定的挡水标准下扣除相应过水损失后所提供的工期与基坑施工所需的工期相适应。

(2)河流水文特性。在挡水标准选择过程中,除进行上述基坑工期分析外,还应该分析河流的水文特性。在特定河流上,不同的挡水流量有不同的过水次数,可以提供不同的施工工期。这样,在一定的水文系列中,通过对不同挡水流量过水次数或工期损失的分析,求得不同挡水流量过水次数或工期损失曲线,合理选择挡水标准。

(3)经济合理性。在进行上述基坑工期、水文特征分析以后,还应针对不同挡水标准进行经济合理性检验。不同挡水标准,有不同的导流建筑规模,同时也有相应的基坑过水次数及停工天数。挡水标准高,导流建筑规模大,投资高,但相应基坑过水次数少,过水损失也较小。相反,挡水标准低,导流建筑规模小,投资低,但相应基坑过水次数就多,过水损失较大。选择挡水标准时,应综合考虑,选择综合费用较低的挡水标准。

2. 常用方法介绍

土石过水围堰挡水标准的确定,目前工程上广泛采用的方法有两个:一个为频率分析法;另一个为统计分析法。

1)频率分析法

频率分析法选择导流标准的指导思想是枯水期要确保围堰不过水。因此,围堰的挡水时段是事先确定的。但水文次数如何应用无一定的准则,一般根据建筑物的重要性参照以往类似规模的已建工程的经验作类比确定。采用频率分析法选择过水围堰挡水标准的计算步骤如下:

(1)拟定洪水系列。洪水系列是指从工程所在地点水文观测(包括实测和插补延长的)资料中选取表征洪水过程特征值(如洪峰流量、各时段洪量等)的样本。洪水系列中的洪水资料必须可靠、能满足必要的精度,还必须具备进行洪水频率分析的一些统计特性。根据我国《水利水电工程设计洪水计算规范》规定,应采用年最大值原则选取洪水系列,即从资料中逐年选取一个最大流量和固定时段的最大洪水总量,组成洪峰流量和洪量系列。

（2）洪水系列统计特性分析。洪水随机过程依赖于时间 t 的截口随机变量 $X(t_1)$、$X(t_2)$…确定洪水过程的联合分布函数并加以分析很困难,一般以洪水系列随机变量的主要统计特性为代表进行特征性分析。洪水系列的主要统计特性有:系列中元素(一般指:各截口随机变量即洪峰流量、某时段的洪量)的均值、均方差、变差系数、偏态系数和相关系数等。

（3）随机模拟理论洪水系列。确定施工导流标准,即选择施工导流设计流量的标准,一般是先对洪峰和洪量进行频率分析。直接利用观测到的洪水资料,综合考虑历史洪水的影响,分析随机变化特性,在此基础上建立随机模型。实际应用中,一般根据洪水统计均值、变差系数、偏态系数,采用 P-Ⅲ 型分布,对洪水系列进行随机模拟。

（4）推求设计洪水过程线。选择资料可靠、洪量较大、对工程防洪较为不利的洪水过程作为典型洪水过程线,以典型洪水过程线为基础,按设计洪水的洪峰流量和洪量进行放大得到设计洪水过程线。

（5）调洪演算推求最高上游水位。确定对应频率下的入库洪量过程后,通过水库调洪演算,推求水库下泄过程线,从而可求得最大下泄流量以及相应的最高上游水位。对围堰上游最高水位进行比较分析,从而确定过水围堰的导流标准及相应的导流方案。

2）统计分析法

统计分析法是在研究工程所在河流的水文特性及历年逐月实测最大流量的基础上,通过下述程序组成的:

（1）统计年平均过水次数。

（2）初选经济挡水流量。

（3）计算施工有效天数。

（4）综合比较分析。

4.2.2　现行频率分析法

对以防洪为目标的水电工程,水文设计值大都取实测或调查洪水系列中的最大值。对于关系到人民生命财产安全的防洪工程,仅使用出现过的或调查到的洪水作设计的依据,仍感不够安全,于是将这个最大值再加上一个安全系数。然而,对于长短不一的水文系列、变化幅度大小不同的系列、研究比较充分和不够充分的系列以及重要性不同的工程类别等,为了解决如何加成水文设计值以及对加成后的设计值如何计算其风险频率这些问题,采用频率分析法来推求水文设计值。

频率分析法选择导流标准的优点是:可以根据水文系列的统计规律进行计算

和分析,得到不同情况下的安全系数。这样就有了一个比较客观的尺度,可以使用统计规律测度,为统一选择水文设计值提供科学依据。增加安全系数法,实际上是用频率分析法对水文系列进行外延的问题。一般以一定的数学模型(频率分布曲线)作为外延的工具。外延存在误差,其与外延的范围成正比。同时,由于与其他误差(如水文测验、方法性和系列代表性等误差)交织和干扰,使外延误差复杂化。为减少这类误差,可采取详细审查资料、增加历史洪水和对频率计算结果进行合理性分析等措施。而实际上导流标准确定属于水文长期预报的范畴,是一种设计概念,不同于真实的洪水预报,考虑的因素太多,未必符合实际。基于数理统计原理而发展起来的频率计算法存在着不可忽视的缺陷:

(1) 如果资料系列较短,其代表性比较含糊,客观上存在抽样误差较大的问题。

(2) 调查的历史洪水,其洪峰流量、洪量及其重现期的确定,均会引起误差。

(3) 与较短的水文系列相比,大中型水利工程设计洪水标准要求重现期很长,因而不得不将频率曲线大幅度外延,而外延又缺乏可遵循的物理根据,由此可能带来较大的误差。即使是同一水文系列,若选用不同的线型适线,其结果往往相差几倍甚至几十倍。

下面对频率曲线计算中存在的问题进行详细探讨。

1. 频率曲线计算中存在的问题

频率计算法的核心是样本系列长度和其代表性问题。从计算方法上看,我国现行的频率计算方法在许多环节上存在导致计算成果偏大的因素。

(1) 线型采用 P-Ⅲ型,上端无限。

(2) 经验频率采用数学期望公式 $P = \dfrac{m}{n+1}$ 计算,成果偏大。

(3) 历史洪水的定量和重现期的选定一般多偏于保守。例如:长江三峡 1870 年洪水原定重现期为 840 多年(1153 年以来最大),但从古洪水研究来看,1870 年洪水的重现期应为 2500 年。

(4) 在频率曲线定线时,尽可能考虑历史洪水影响。合理估算特大洪水的经验频率,计入特大值进行频率计算,是提供设计应用的前提。假如对某水文站而言,1998 年最高洪水位 120.89m 是 150 年一遇水位。设计人员误将其估计为 300 年一遇。今后城市堤防防洪标准为 300 年一遇,即以 120.89m 为基础设防。但未来遇到真正的 300 年一遇洪水,水位肯定超出 120.89m,将使防汛造成被动,城市处于不安全状态;反之,若将 120.89m 误估计为 50 年一遇水位,将使 300 年一遇设计水位偏高,加大工程投资,造成浪费。用简单公式或数学期望公式计算经验频率,用平方和准则适线,求得的设计值误差较大。重现期越大,设计值的计算误差越大;样本容量越大,计算精度越高。

2. 现行导流标准选择方法的影响

研究导流标准的目的是为水利工程施工导流服务,对于采用过水围堰导流方式,初期导流围堰挡水时段多在1~4年之间,即一般情况下挡水年限都是比较短的。且导流建筑物大部分都是临时挡水建筑物,最终会被拆除,若挡水期导流标准制定偏高,则临时导流建筑物规模会较大;若可以降低挡水期导流标准,则减小临时建筑物规模,减少工程投资。因此,需要对过水围堰挡水阶段导流标准选择进行分析,在搜集实测水文资料的基础上,研究其水文趋势,再适当加大,作为过水围堰挡水时段导流标准。

我国的水文分析工作已有较丰富的经验,表现在设计洪水工作上,就是重视基本资料的审查和分析,重视流域产流汇流特性和暴雨洪水特性分析,重视用多种方法进行比较,重视成果的合理性检查。我国当前所采用的频率分析成果,和20世纪五六十年代比起来,其可靠程度有显著提高,数值也够大。在这种情况下适当降低洪水标准,过水围堰挡水时段的实际安全度仍是合理的。

4.2.3　不考虑历史洪水情况下挡水标准选择

表4.1给出了国内一些已建和在建工程过水围堰挡水流量设计和实测资料,对挡水期导流标准选择进行说明。

表4.1　已建工程采用的过水围堰挡水流量标准

序号	工程名称	导流方式	围堰形式	堰高/m	挡水流量标准		实际最大流量/(m³/s)
					重现期/年	流量/(m³/s)	
1	上犹江	隧洞	土石面板式	20	—	300	1890
2	流溪河	隧洞	土石过水围堰	14	20(枯水期)	196	1230
3	柘溪	隧洞明渠	土石木笼面板式	29~32	10(枯水期)	2700	4086
4	新丰江	明渠	土石过水围堰	25	10(枯水期)	1000	3750
5	黄龙滩	明渠	土石面板式	16.5	5(枯水期)	800	6570
6	大化	分期	二期土石过水围堰	30~40	20(枯水期)	2350	9130
7	东江	隧洞	混凝土重力式围堰	33.5	20(枯水期)	1760	3540
8	天生桥二级	明渠	土石过水围堰	14.7	10(枯水期)	1230	4310
9	东风	隧洞	土石过水围堰	17.5	10(枯水期)	919	5140
10	五强溪	分期	二期上游碾压混凝土重力式围堰	41	2.17(全年)	18000	—
			二期下游土石	17.0	2.17(全年)	18000	

序号	工程名称	导流方式	围堰形式	堰高/m	挡水流量标准		实际最大流量/(m³/s)
					重现期/年	流量/(m³/s)	
11	普定	隧洞	土石过水围堰	15.5	10(枯水期)	423	2600
			混凝土重力式围堰	18.7		4090	
12	天生桥一级	隧洞	土石过水围堰	32.4	20(枯水期)	1670	—
13	莲花	隧洞	土石过水围堰	29.2	20(枯水期)	1860	799
14	大朝山	隧洞	上游碾压混凝土拱形围堰	52.5	10(枯水期)	3940	4900
			下游土石过水围堰	15			
15	滩坑	隧洞	上游土石过水围堰	18	10(枯水期)	2420	—
			下游土石过水围堰	5.3			

目前对洪水系列进行理论频率分析时一般要考虑历史洪水影响。而在水利水电工程建设中，围堰运行期一般为 3～5 年，相对漫长的河流水文统计时段而言历时很短，历史洪水对该时段的影响甚微。因此，可以考虑在水文统计分析的基础上，减少历史洪水对施工洪水标准确定的影响，以工程坝址的近期实测水文资料为依据，进行针对施工期的洪水频率分析，确定挡水标准。

继续 3.3 节"考虑实测洪水的随机施工洪水综合实例分析"中的案例讨论。从表 3.3 中可以看出：28 年实测洪水系列中，第 13 年洪水洪峰流量小于理论 18 年一遇洪水的洪峰流量；第 13 年洪水的时段总洪量小于理论 18 年一遇洪水的时段总洪量；第 13 年洪水对应的最高堰前水位小于理论 20 年一遇洪水的最高堰前水位。其洪峰流量、时段总洪量、最高上游水位均远小于导流标准为 28 年一遇的洪水。

从工程坝址 28 年的实测洪峰流量水文趋势(图 4.1)可以看出，工程坝址处近 28 年的洪峰流量相对比较平稳，实测最大洪峰流量为系列中第 13 年的 13910m³/s，在理论洪水系列频率分析中，此流量相当于 18 年一遇的洪峰流量，说明 28 年的实测系列中没有出现历史性特大洪水，这段时期可能在整个水文统计年限中属于相对枯水年。由此预计：在接下来相对很短的工程施工导流时段(一般为 3～5 年的时间)，洪峰流量的水文趋势仍然趋于平稳，不会出现特大洪水。

由上述讨论可知，该工程 28 年的水文统计年限在整个水文历史统计年限中，属于相对水文枯水期，具有较稳定的水文趋势。因而可以根据 28 年的实测资料进行洪水频率分析，按频率确定围堰挡水标准。

导流设计标准的合理选择，对工程施工的顺利进行及经济效益具有重大的影响。围堰挡水期导流标准分析可考虑以实测资料信息为主，利用短期系列资料提取更多的洪水信息，探讨所选择的挡水期设计流量在理论水文系列中的当量洪水重现期。

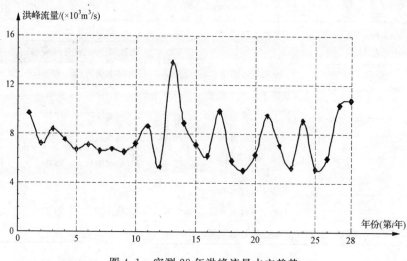

图 4.1　实测 28 年洪峰流量水文趋势

4.3　土石过水围堰溢洪特性

4.3.1　概述

　　土石过水围堰是散粒体结构,根据实际观测资料和试验研究,土石过水围堰的失稳大多是由下游护坡或围堰堰脚的局部破坏最终导致整个围堰失稳。工程中主要根据过水围堰过水度汛标准进行下游护坡结构设计及消能防冲设计。目前,过水围堰过水标准一般根据实测流量统计或对照不过水围堰导流标准确定。根据模型及原型观测可知土石过水围堰溢流的最不利工况并不一定出现在流量最大时,而可能出现在远小于设计流量的较小流量,故过水围堰按度汛标准进行下游保护后,依然存在被冲毁的可能。其次,施工导流系统中的不确定性因素很多,如水文的不确定性、水力的不确定性及施工过程中导致的一些不确定性等。正是不确定因素,导致施工导流过程蕴含着风险。

　　土石围堰过水时,一般受到两种破坏作用:一是水流沿下游坡面下泄动能不断增加,冲刷堰体表面;二是由于过水时水流渗入堰体所产生的渗透压力,引起下游坡连同堰顶一起深层滑动,最后导致溃坝。因此,土石围堰过水时保持稳定的关键是对堰面及堰脚附近基础进行简易而可靠的加固保护。实际观测资料和试验研究表明,土石过水围堰的失稳大多从下游护坡的局部破坏开始,随着过水流量的加大,堰体材料被冲走,最终破坏整个围堰。因此,下游护坡的稳定性是土石过水围堰稳定性的决定性因素。国内外目前常用的护面形式有:大块石护坡、混凝土面板(包括混凝土楔形体)护面、铅丝笼护面、加筋护面等。目前,国内外对土石过水围堰护坡结构水力稳定研究比较多,研究成果也比较丰富。这些成果大都针对某一种护坡形式,进行受力分析并研究其失稳机理,提出失稳计算模式。但过水围堰挡水和过水时的结构安全标准,一般只能根据实测流量统计分析或依照不过水围堰导流标准确定。确定过水围堰过水标准是为了定出过水期的最不利流量,以指导堰体下游护坡结构(尤其是土石过水围堰)及消能防冲设施设计。围堰过水时,要求结构不被破坏,可按不过水围堰有关规定确定,但此方法确定的设计标准洪水对于过水围堰不一定是结构安全的最不利情况,也就是说由此确定的过堰流量不一定是围堰过水期最不利流量。因为按不过水围堰导流标准方法确定的过堰流量是按一定的洪水重现期确定的最大流量,而围堰最不利溢流工况不仅与溢流量有关,还与上下游水位差等因素有关,最危险流量不一定出现在最大洪水期。

4.3.2　土石过水围堰溢洪工况与判别

1. 土石过水围堰下游护坡临界破坏水力条件

1) 过水围堰下游护坡稳定性分析

目前国内外对护坡稳定性研究已经取得了不少理论和试验成果,提出了多种理论的和经验的稳定性计算方法,并且已应用于工程实践,取得了较好的实际效果(夏明耀,1981)。下面通过对块石护坡稳定性计算方法的分析,推出适用性较广的护坡稳定计算的表达式。

国外具有代表性的实验研究成果有三种,均以单个护面块石为研究对象,不考虑块石间相互约束作用。苏联伊兹巴斯的试验研究认为单个护面块石失稳主要是受下游坡面上动水压力作用产生滚动破坏的;南非 Oliver 的实验研究认为单个护面块石失稳主要是受下游坡面上水流拖曳作用产生滑动破坏的。原西德 Hartung 及 Schuerlein 的研究工作:假定下游坡上块石的失稳是受下游坡面上掺气水流冲击作用产生滑动破坏的,在高速水流和紊流边界层理论基础上,通过水力试验,得到下列方程:

$$v = 1.2 \sqrt{2g \frac{\gamma_s - \gamma_w}{\sigma \gamma_w} D_s} \sqrt{\cos\alpha} \qquad (4.1)$$

式中:α——下游坡坡角;

　　　γ_s——块石容重;

　　　D_s——块石化引直径;

　　　σ——掺气系数,由试验得到:

$$\sigma = 1 - 1.3\sin\alpha + \frac{0.08h}{D_s} \qquad (4.2)$$

式中:h——下游边坡上平均水深,m。

　　过水围堰下游边坡护坡块石的失稳方式,主要取决于它所处的具体环境条件及其受力情况,一般过水围堰的平整边坡上不允许存在孤石,因此假定单个块石不受周围任何块石约束而滑动失稳是不合适的,在凸凹不平的边坡上,块石的失稳方式是倾覆或者浮升,滑动只产生在位于平整边坡上的块石。由此,提出了三种失稳形式的临界粒径的计算公式。

　　浮升失稳临界粒径(石块按球形体)计算公式:

$$D_s = \frac{3}{2} \sqrt{1+m^2} \frac{v^2}{2g} \frac{k_1 k_2 + \lambda_y - 2g\lambda_x n^2 f}{\dfrac{(\gamma_s - \gamma_w)}{\gamma_w}(m+f) + j_\varphi c_\varphi(mf-1)} \tag{4.3}$$

　　倾覆失稳临界粒径计算公式:

$$D_s = \frac{3}{2} \sqrt{1+m^2} \frac{v^2}{2g} \frac{k_1 k_2 + \lambda_y + k_x K_1 \dfrac{a}{\sqrt{1-a^2}}}{\dfrac{\gamma_s - \gamma_w}{\gamma_w}\left(m - \dfrac{a}{\sqrt{1-a^2}}\right) - j_\varphi c_\varphi\left(m - \dfrac{a}{\sqrt{1-a^2}} + 1\right)} \tag{4.4}$$

　　抗滑稳定计算公式:

$$D_s = \frac{3}{2} \sqrt{1+m^2} \frac{v^2}{2g} \left[(k_1 k_2 + \lambda_y)\left(1 + \frac{fa}{\sqrt{1-a^2}}\right) - \left(k_x K_1 \frac{f-a}{\sqrt{1-a^2}}\right)\right]$$

$$\div \left[\frac{\gamma_s - \gamma_w}{\gamma_w}\left(\frac{a}{\sqrt{1-a^2}}fm + f + m - \frac{a}{\sqrt{1-a^2}}\right)\right.$$

$$\left. - j_\varphi c_\varphi\left(\frac{fa}{\sqrt{1-a^2}} + \frac{ma}{\sqrt{1-a^2}} - fm + 1\right)\right] \tag{4.5}$$

上述式中: v——围堰边坡上水流平均流速;

　　　　　m——围堰下游边坡坡度;

　　　　　k_1、k_2——块石表面形状影响系数及水流流速影响系数;

　　　　　λ_y——沿 y 方向的升力系数;

　　　　　c_φ——渗透力影响系数;

　　　　　j_φ——块石所在处的平均渗透坡降;

　　　　　λ_x——拖曳力方向面积修正系数;

　　　　　n——糙率;

　　　　　f——摩擦系数;

　　　　　γ_s、γ_w——块石和水的容重;

　　　　　a——待定系数。

　　上述护坡稳定性研究成果可以描述为

$$v = v(D_s, a, \gamma_s) \tag{4.6}$$

$$D_s = D_s(m, v, \gamma_s, n) \tag{4.7}$$

　　对式(4.7)作变换可得

$$v = v(D_s, m, n, \gamma_s) \tag{4.8}$$

对其他护坡形式稳定性研究也可得出类似的护坡稳定性表达式,式(4.8)可看作是护坡稳定性计算方法的一般形式。

2) 临界破坏水力条件

土石过水围堰下游护坡的破坏,可以看作是由于护坡所承受的过堰水流综合作用引起的荷载超过了护坡极限承载能力导致的。如果定义水流综合作用引起的荷载函数为 $F(\cdot)$,护坡承载能力函数为 $R(\cdot)$,则式(4.9)即为土石过水围堰下游护坡临界破坏条件:

$$F(\cdot) = R(\cdot) \tag{4.9}$$

$F(\cdot)$ 由过流时的水力条件决定,$R(\cdot)$ 则由护坡的结构形式、尺寸及材料特性所决定,即

$$F(\cdot) = F(q, Z) \tag{4.10}$$
$$R(\cdot) = R(D_s, \gamma_s, n, m) \tag{4.11}$$

式中：q——过堰单宽流量;

　　　Z——过水围堰上下游水位差;

　　　D_s——护坡结构的特征尺寸;对于护坡块石,D_s 为化引直径,对于混凝土护坡板,D_s 为其厚度;

　　　γ_s——护坡材料的容重;

　　　n——下游护坡糙率;

　　　m——下游坡坡比。

实际观测资料表明,护坡失稳的部位大多在接近下游尾水位处的坡面上。这是因为,下游尾水位处一般处于水跃前沿部位,水流紊动剧烈,坡面水流到达此处,水流的势能最大程度转化为水流动能,该处流速值达到最大。所以研究中应以下游尾水位处坡面作为研究对象。

在图 4.2 中,对 1—1 断面和 2—2 断面列能量方程:

$$Z + \frac{v_1^2}{2g} = \frac{v^2}{2g} + h_w \tag{4.12}$$

式中：Z——上下游水位差;

　　　v_1——1—1 断面平均流速,一般不大,$v_1^2/2g$ 近似等于零;

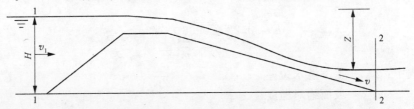

图 4.2　过水围堰溢流简图

　　　v——下游边坡与尾水位衔接处流速；

　　　h_w——水头损失，包括沿程水头损失和局部水头损失。

　　采用边界层理论，确定沿程水头损失 H_f。由摩阻作用而使边界层能量的减少可按下式求得：

$$E_L = \frac{1}{2}\rho \int_0^\delta u(U^2 - u^2)\,\mathrm{d}y \qquad (4.13)$$

式中：δ——边界层厚度；

　　　u——离边界距离为 y 处的流速；

　　　U——势流速度。

　　把具有流速 U 的流体层厚度定义为能量厚度 δ_3，它代表边界层中的能量损失，则

$$\frac{1}{2}\rho U^3 \delta_3 = \frac{1}{2}\rho \int_0^\delta u(U^2 - u^2)\,\mathrm{d}y \qquad (4.14)$$

$$\delta_3 = \int_0^\delta \frac{u}{U}\left(1 - \frac{u^2}{U^2}\right)\mathrm{d}y \qquad (4.15)$$

　　如 δ_3 可以算出时，则在溢流面上任一点以上能量损失可用下式求得：

$$E_L = \frac{1}{2}\rho U^3 \delta_3 \qquad (4.16)$$

　　式(4.16)除以 $q\gamma$，其中 q 为单宽流量，γ 是水容重，可得出以水头表示的能量损失：

$$h_f = \frac{\delta_3 U^3}{2gq} \qquad (4.17)$$

又由经验公式

$$\delta_3 = 0.22\delta \qquad (4.18)$$

$$\frac{\delta}{s} = 0.08\left(\frac{s}{\Delta}\right)^{-0.233} \qquad (4.19)$$

及

$$U = \sqrt{2gZ} \qquad (4.20)$$

从而推得

$$h_f = \frac{ks^{0.767}Z^{1.5}\Delta^{0.233}}{q} \qquad (4.21)$$

$$k = 0.22 \times 0.08 \times \sqrt{2g} \qquad (4.22)$$

$$s \approx \sqrt{1 + m^2}\,Z \qquad (4.23)$$

上述式中：Z——上下游水位差；

　　　　　Δ——坡面绝对糙度；

　　　　　s——论及点的流程；

　　　　　m——围堰下游边坡坡度。

如果忽略堰顶与下游坡转折处的局部水头损失,则

$$Z = \frac{v^2}{2g} + h_f \tag{4.24}$$

$$h_v = \frac{v^2}{2g} = Z - h_f \tag{4.25}$$

$$h_v = Z - \frac{ks^{0.767}Z^{1.5}\Delta^{0.233}}{q} \tag{4.26}$$

式(4.26)综合考虑了上下游水位差、单宽流量、坡面粗糙度、边坡坡度等影响坡面失稳的因素。由于该式未考虑边坡上渗流和掺气对水头损失的影响,按该式计算所得的水头能量损失比实际值小很多,参照求取溢流坝流速系数的经验公式:

$$\phi^2 = 1 - k_1 K^{0.5} \tag{4.27}$$

$$K = \frac{\sqrt{g}s^{0.75}Z^{0.5}\Delta^{0.25}}{q} \tag{4.28}$$

式中: k_1——系数;其他字母含义同前。

溢流坝流速系数的定义为断面上实际平均流速与理想流速之比值,即

$$\phi = \frac{v}{u} \tag{4.29}$$

$$u = \sqrt{2gZ} \tag{4.30}$$

把式(4.23)、式(4.25)、式(4.30)代入式(4.29),得

$$\phi^2 = 1 - \frac{h_f}{Z} = \frac{h_v}{Z} \tag{4.31}$$

由此推得

$$h_v = Z - k\frac{Z^{13/8}}{q^{1/3}} \approx Z - k\frac{Z^{1.6}}{q^{0.5}} \tag{4.32}$$

对于给定的过水围堰, Δ 及 m 都是已知的,故令 $k = k_1g^{1/4}\Delta^{1/8}(1+m^2)^{3/16}$,它可由模型试验或原型观测数据反推求得,是一个有量纲的常数。坡面越粗糙、坡度越缓、坡面渗流量、掺气量越大, k 值越大。

试验表明,在一定的过流条件下,当过堰单宽流量较小时,其临界破坏落差大;而当其过堰单宽流量较大时,其临界破坏落差较小。对式(4.32)而言,如果要保持 h_v 不变,则当过堰单宽流量 q 较小时,其落差 Z 就较大;而当其过堰单宽流量 q 较大时,其落差 Z 就较小。 h_v 、 q 、 Z 三者之间关系见图4.3。

因此,把 h_v 作为临界破坏水力荷载函数,即 $F(\cdot) = h_v$,或

$$F(\cdot) = Z - k\frac{Z^{1.6}}{q^{0.5}} \tag{4.33}$$

由

$$v = v(D_s, m, n, \gamma_s) \tag{4.34}$$

$$h_{vR} = \frac{v^2}{2g} \tag{4.35}$$

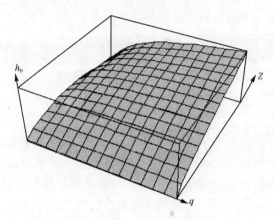

图 4.3　h_v-q-Z 关系曲面图

可得

$$h_{vR} = h_{vR}(D_s, m, n, \gamma_s) \tag{4.36}$$

如果定义 $v = v(D_s, m, n, \gamma_s)$ 为临界抗冲流速，$h_{vR} = h_{vR}(D_s, m, n, \gamma_s)$ 为临界抗冲流速水头，则护坡承载能力函数为

$$R(\cdot) = h_{vR}$$

或

$$R(\cdot) = h_{vR}(D_s, m, n, \gamma_s) \tag{4.37}$$

由此，过水围堰下游护坡临界破坏水力条件为

$$Z - k \frac{Z^{1.6}}{q^{0.5}} = h_{vR}(D_s, m, n, \gamma_s) \tag{4.38}$$

显然，对于给定的围堰形式，h_{vR} 是一个定值，它只与围堰的结构形式、尺寸、材料特性等因素有关，而与其他因素无关。

3）临界破坏水力条件的验证

过水堆石堰（坝）临界破坏试验是在宽 59cm、长 50m、高 80cm 的玻璃水槽中进行的。护坡采用铁丝网内装粗、中砂模拟钢筋笼。钢筋笼形状为规则六面体，其模型尺寸为 2.0cm×2.0cm×6.5cm，重量为 40g。笼下未设专门排水层。试验中首先关闭下游阀门，使下游充水达到安全高度后，放水过流，在一定流量下，控制下游水位，使其逐渐降低。当水位逐渐降低到某一高度形成上、下游临界落差时，面板被掀翻，随之填料被冲走，模型破坏。临界破坏模型试验有关数据和按式(4.38)计算的下游坡面尾水位处流速水头、流速理论计算值列于表 4.2 中。

表 4.2　临界破坏模型试验实测数据及流速水头、流速理论计算值表

$m=2.0$		$k=0.288$		$m=2.5$		$k=0.307$		$m=3.0$		$k=0.312$	
q	Z	h_v	v	q	Z	h_v	v	q	Z	h_v	v
$/[\text{L}/(\text{s}\cdot\text{dm})]$	/cm	/cm	/(m/s)	$/[\text{L}/(\text{s}\cdot\text{dm})]$	/cm	/cm	/(m/s)	$/[\text{L}/(\text{s}\cdot\text{dm})]$	/cm	/cm	/(m/s)
15.58	15.2	9.54	1.37	34.95	14.3	10.6	1.44	41.29	14.7	11.1	1.47
34.86	12.3	9.57	1.37	46.23	13.5	10.6	1.45	52.66	14.1	11.14	1.48
48.82	11.6	9.54	1.37	57.41	13.1	10.6	1.46	63.37	13.7	11.11	1.47

注：k 值由试验数据求得。

　　从表 4.2 可以看出，在同一坡度条件下，面板发生临界失稳破坏时，下游坡面尾水位处流速水头、流速理论计算值趋于相同，其流速达到坡面的抗冲临界流速。由此可见，用式(4.38)表征土石过水围堰的临界破坏水力条件是合适的。同时，随着坡度变缓，k 值逐渐变大；临界破坏时的抗冲流速在增大。

　　2. 堰体过流最不利工况和最不利流量确定

　　通过以上对土石过水围堰下游护坡临界破坏水力条件的研究以及对影响土石过水围堰溢流工况因素的分析，可以把土石过水围堰下游坡面尾水位处的流速水头作为衡量溢流工况的指标，并认为下游尾水位处流速达最大，也就是流速水头最大时的溢流工况为过水期最不利溢流工况，对应的流量为过水期最不利流量。

　　过水期最不利流量即为流速水头最大时的溢流对应的流量，由此可求出一次过水中的最不利流量，计算简图如图 4.2 所示。这时有

$$h_v = Z - K\frac{Z^{1.6}}{q^{0.5}}, \quad 0 < q < \frac{Q_y}{B} \tag{4.39}$$

$$q = mH_0^{3/2} \tag{4.40}$$

$$H_0 = Z + h_d - H \tag{4.41}$$

上述式中：m——流量系数；

　　　　　　h_d——围堰下游水位；

　　　　　　H——围堰高度；

　　　　　　Q_y——河道总来流量；

　　　　　　H_0——过堰水头；

　　　　　　B——堰顶过流宽度。

　　根据式(4.38)~式(4.41)，可求出 $h_{v\max}$ 及 q，以 q 乘以 B 就得到围堰一次过水的最不利流量。

4.4　土石过水围堰溢洪条件下护面稳定评价指标与评判

4.4.1　稳定评价指标

　　土石过水围堰下游护板可靠性的影响因素主要有:过堰单宽流量、上下游水位差、围堰下游边坡坡度、围堰边坡不平整度、护板下反滤层减压效果。从前述研究可以看出过堰单宽流量 q、上下游水位差 Z、围堰下游边坡坡度 m 及边坡的糙率 n 四者对流速的影响程度。

　　1. 过堰单宽流量

　　过堰单宽流量 q 是影响溢流工况的最主要因素之一。一般认为 q 越大,围堰下游坡的流速越大,所产生的动能也越大,围堰的溢流工况会越差。但实际情况并非如此。下游坡面的破坏并不是出现在单宽流量最大的时候,说明围堰最不利溢流工况并不是出现在单宽流量最大的时候。土石围堰施工期过水的水流特性随上游来水流量而变化,易失稳的部位也随之而变化。随着堰面溢流量的不断增大,一般会出现图 4.4 所示的三种典型流态。在下游水位不太高的情况下,堰下游发生远驱式水跃,如图 4.4(a)所示。这种情况下易失稳的部位是堰下游坡面,下游坡面上的块体在面流和渗透水流的作用下发生滑动或滚动。在一定的流量出现后,且下游水位有了一定的高度,堰下游发生临界水跃,如图 4.4(b)所示。此时,流量已较大,堰面上水流有一定的流速,堰面块石在面流的作用下有可能产生滑动和滚动。下游水位以上的下游坡面,在面流和渗流的作用下也易产生滑动或滚动失稳。而堰下游水位以下的下游坡面则稳定性相对要好些。当流量再继续增大,且下游水位超过堰顶,此时为淹没流,易出现波状水跃,如图 4.4(c)所示。在这种情况下易失稳的部位是堰顶,而堰下游坡面有较好的稳定性。

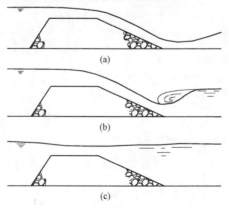

图 4.4　土石围堰过水时的三种典型流态图

显然,流量或单宽流量(堰宽一般不变)越大,并不是土石围堰施工期过水的稳定性越差。在进行土石围堰施工期过水设计时,并不能把设计最大流量作为土石围堰过水稳定的唯一设计条件。

2. 上下游水位差

在其他影响因素不变的情况下,上下游水位差越小,过堰水流的势能转化的动能也就越小,使得堰面流速降低。模型试验和原型观测数据表明:护板发生破坏的位置一般位于堰面水流与下游水流的衔接处。在这个位置势能充分转化为动能,流速也达到最大值。从这一角度上看,上下游水位差较小有利于护板的稳定。

3. 围堰下游边坡坡度

从护板的力学分析来看,当其他影响因素不变的情况下,围堰下游坡度越缓,护板自身的稳定性就越高,过水状态下,护板自重和过堰水流的压强的影响越小,护板越稳定。另外,由于下游边坡坡度变缓,过堰水流流程增加,有利于过堰水流的消能。因此,过水围堰的下游边坡坡度越缓越好。但坡度变缓会加大围堰的工程量和围堰投资,所以应适当控制下游边坡坡度,一般在 1：3.0 左右比较合理。

4. 堰面的不平整度与堰面水流的收缩程度

坡面越平整,坡面水流消能就越少,水流流速就越大,也就越不利于边坡的稳定。台阶式的边坡有利于水流的消能,从而减少坡面流速,有利于堰面护板的稳定;同时由于围堰一般处于全断面过水的工况,河床地势特点决定围堰必然上部宽而底部窄,水流自上而下通过堰面时会随着堰面形状而发生侧缩,形成水力集中的现象,加大局部流速,不利于围堰的稳定。

5. 护板下反滤层的减压效果

肖焕雄等的研究表明,反滤层能减小护板下渗透压力和尾水位以下护板板底的浮托力,当堰体材料的渗透系数 k_y 和反滤层料的渗透系数 k_d 及垫层厚度 B 满足下式时:

$$\frac{k_y B}{k_d} = 20 \tag{4.42}$$

反滤层达到最佳减压效果。因此,妥善处理好反滤层的施工有利于护板的稳定性。

4.4.2　基于突变理论的堰面护板稳定性分析

无论采取何种护坡形式,造成其失稳的主要原因都是由于受到水流的拖曳力、脉动压力、浮升力等因素的综合作用,这些力都是随着过堰水流流速的增加而增大。实测资料表明,护坡失稳的部位,大多在接近下游尾水位处的坡面上。下游尾水位附近,一般处于水跃前沿,水流紊动剧烈,坡面水流速度也较大,是护坡失稳的重点部位。因此,可以认为下游尾水位处流速达最大,或流速水头最大时的溢流工况为过水期最不利溢流工况,对应的流量为过水期最不利流量。故而选取流速水头作为围堰稳定判别的依据。

资料显示土石过水围堰护板失稳多是突发现象,与突变理论的适用对象相符,因而具备在护板稳定性分析当中使用突变理论的条件。由于土石过水围堰稳定取决于下游尾水位流速,即与流速水头直接相关,而根据前述研究,流速水头的主要影响因素包括过堰单宽流量 q、上下游水位差 Z、围堰下游边坡坡度 m 及边坡不平整度与堰面水流收缩程度。因此对土石过水围堰稳定进行分析与评判可以基于系统工程的观点,将土石过水围堰稳定性评判系统分解为图 4.5 所示的由若干指标组成的多个层次的稳定性评判体系。

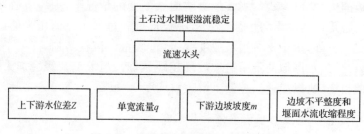

图 4.5　土石过水围堰稳定评判体系

1. 计算分析步骤

利用突变理论对影响过水土石围堰下游混凝土护板稳定性的影响因素进行综合评价,从综合影响的角度对其进行稳定性判别的基本分析思路(步骤)如下:

(1) 根据影响混凝土护板稳定性的主要因素,建立土石过水围堰下游护板的稳定性评判体系。

(2) 明确各层指标使用的突变模型类型,对底层评价指标进行原始数据标准化、规范化,得到初始隶属函数值。

(3) 利用归一公式进行量化递归运算,计算出上层指标的突变函数值。

(4) 递归计算得到土石过水围堰下游混凝土护板稳定的总突变值,从而进行稳定性判别。

2. 观测信息的标准化

设定土石过水围堰最危险时状态为 0,最安全时为 1。为了进行综合分析,要将底层指标(控制变量)进行标准化处理,得到其安全数值。通常底层指标既有定量指标,也有定性指标,两者的规范化的处理方法不同。由于本评价体系是基于实测资料建立的,多是定量指标,只需按照一定的控制标准进行转化就可以将其转化到 0~1 范围内的效益型无量纲指标值。标准化建议区间如表 4.3 所示。

表 4.3 标准化建议区间

标准化 0~1 取值区间	指标界限值区间	标准化值区间	评语级别
[1,0.75]	$[0,x_1]$	$[q_1,q_2]$	正常
[0.75,0.50]	$[x_1,x_2]$	$[q_2,q_3]$	基本正常
[0.50,0.00]	$[x_2,x_3]$	$[q_3,q_4]$	异常

设观测数据为 v,标准化后数值为 μ。当 v 的数值位于不同区间时可根据式(4.43)标准化公式计算:

$$\mu = \begin{cases} q_1 - \dfrac{v}{x_1}(q_1-q_2), & v \in [0,x_1) \\[2mm] q_2 - \dfrac{v-x_1}{x_2-x_1}(q_2-q_3), & v \in [x_1,x_2) \\[2mm] q_3 - \dfrac{v-x_2}{x_3-x_2}(q_3-q_4), & v \in [x_2,x_3] \end{cases} \tag{4.43}$$

根据底层指标的标准化数值,按归一公式可以算出各控制变量的突变级数值,然后逐级向上计算,可得土石过水围堰稳定的总突变级数值。

3. 互补原则和非互补原则在评价中的使用

利用突变理论进行多目标综合分析评价决策时,要考虑两种原则,即"非互补"评价决策和"互补"评价决策。若一个系统的诸控制变量(如 a,b,c,d)之间不可互相替代,即不可相互弥补其不足,按归一公式求得系统状态变量 x 的值时,要从诸控制变量相对应的突变级数值 (x_a,x_b,x_c,x_d) 中选取一个最小的作为系统的 x 值,即"非互补"原则。若一个系统的诸控制变量之间存在相互关联作用,则应取控制变量对应的突变级数的平均值来作为系统的 x 值,即"互补"原则。

4.5 土石过水围堰稳定性分析

4.5.1 护板稳定性分析

土石过水围堰在国内外已得到广泛应用。围堰过水时,下游坡面及坡脚必须加以保护。混凝土护板在土石过水围堰护面中应用非常广泛,它与块石护面、铅丝笼护面等相比,有其独特的优势:自身稳定性好、抗沉陷能力强、能抵抗较大的单宽流量和过堰流速、施工简单等。下面以混凝土护板为代表对其进行稳定性分析。

1. 渗透压力

渗透压力是由水流的外力转化为均匀分布的内力或体积力,或者说由动水压力转化为体积力的结果。渗透压力是影响混凝土护板稳定的主要因素之一。渗透压力的计算将在 4.5.3 节论述,此处不再赘述。

2. 脉 动 压 力

当水工建筑物上有高速水流通过或载有紊动旋滚及波动的水体时,在水体与结构的界面上形成紊动的水压,一般称为脉动压力。很多土石过水围堰过堰单宽流量较大,水流流速较高,有的瞬时最大流速接近 20m/s。高速水流会对下游混凝土板护坡稳定带来一系列的问题,如:脉动压力及脉动可能引起护板的振动,伴随水流的空化而产生的空蚀破坏,水流的掺气和冲刷等。

过堰流量较小时,护板处于稳定状态。随着过堰流量的增大,下游坡度流速越来越大,坡面水流与下游水流衔接处形成水跃。水跃区水流紊动强烈,在混凝土护板上产生较大的脉动压力。实际上,水流压力可以解释为大大小小的不同旋涡结构作用。复杂脉动是各种周期分量的综合,脉动压力可以看作是随机变量。同时,坡面流速较大时,容易在某些区域形成局部负压。护板由于脉动压力时正时负,不断晃动混凝土护板,围堰长时间过流,混凝土护板间出现松脱,降低混凝土板间的摩擦阻力。同时由于脉动压力的作用,混凝土护板下垫层可能发生液化;在混凝土护板不断晃动的作用下,垫层中的细粒料流失,导致混凝土护板的位移或者沉陷等。因此,在分析混凝土护板稳定时必须考虑脉动压力的作用。

1) 水流脉动压力的求解

由于水流脉动压力是一个空间-时间上的随机过程,所以实际上很难给出其准确值,只能给出概率出现的期望值。早在 20 世纪 50 年代,国内外学者就对水流脉动压力开始了研究,大量的研究表明水流脉动压力大部分情况服从正态分布,但也有偏离正态分布的情况。如水跃的首尾部底板脉动压力,当水垫较浅时,偏离正态分布比较大;而水深较大时,符合正态分布。

在确定水流脉动压力分布的基础上,水流脉动压力最大可能振幅的取值是泄水建筑物的水力设计和计算重要指标。

2) 水流脉动压力最大振幅的取值

根据上面的分析,可以假定水流脉动压力符合正态分布。脉动压强的双倍振幅 p' 及其相应概率 p 取值如下:

$$-\sigma \leqslant p' < \sigma \qquad p = 0.820$$
$$-2\sigma \leqslant p' < 2\sigma \qquad p = 0.954$$
$$-3\sigma \leqslant p' < 3\sigma \qquad p = 0.997 \tag{4.44}$$

丁灼仪建议,荷载概率取 $p = 95\%$,$A_{max} = 1.96\sigma$。而国外研究者一般取 $A_{max} = 3.0\sigma$。另外,有文献指出,考虑到试验值(样本)是由有限历时测定和计算的,以及概率分布可能偏离正态分布的情况,在设计时建议采用 $A_{max} = 3.0\sigma$,即 $2A_{max} = 6.0\sigma$。

3）脉动压力的求解方法

考虑混凝土护板稳定最不利情况,脉动压强 $p' = 2A_{max} = 6.0\sigma$,因此,只要知道均方根 σ 值就可以求得脉动压强。一般 σ 值由模型试验得到。由于时均动水压强一般不容易测量,一般是先测出测压管最大和最小值,然后取其平均作为 $\overline{p}$ 值,即

$$\begin{cases} \overline{p} = \dfrac{p_{max} + p_{min}}{2} \\[2mm] \sigma = \sqrt{\dfrac{1}{n}(p - \overline{p})^2} \\[2mm] p' = 2A_{max} = 6.0\sigma \end{cases} \tag{4.45}$$

解以上方程组即可得到脉动压强值。

另外,亦可直接找出瞬时压强最大值和最小值,由

$$p' = 2A_{max} = p_{max} - p_{min} \tag{4.46}$$

直接求得脉动压力值。

另外,李桂芬、周胜等在室内陡槽及溢流坝上进行了大量的试验,并进行了多项工程的原型观测,提出了一个简单的用流速水头来表示的脉动压力双倍振幅的方法:

$$2A_{max} = K\frac{v^2}{2g} \tag{4.47}$$

式中:K——系数。对于溢流坝面的脉动压力,一般 K 的取值为 $2\% \sim 10\%$。

根据《溢洪道设计规范》,作用于一定面积底板上的脉动压力可按下式计算:

$$P' = \pm \beta_m p' A \tag{4.48}$$

式中:P'——脉动压力,N;

p'——脉动压强,Pa;

A——作用面积,m²;

β_m——面积均化系数,可按表 4.4 选用。

表 4.4　脉动压力的面积均化系数

结构部位	泄槽、鼻坎		平底消力池底板									
结构分块尺寸	$L_m > 5m$	$L_m \leqslant 5m$	L_m/h_2	0.5			1.0			1.5		
			b/h_2	0.5	1.0	1.5	0.5	1.0	1.5	0.5	1.0	1.5
β_m	0.10	0.14	—	0.55	0.46	0.10	0.44	0.37	0.32	0.37	0.31	0.27

注:表中 L_m 为结构顺流向的长度,m;b 为结构块垂直流向的长度,m;h_2 为第二共轭水深,m。

脉动压强可按下式计算：

$$p' = 3K_p \frac{\rho_w v^2}{2} \tag{4.49}$$

式中：K_p——脉动压强系数，按表 4.5 选用；

$\qquad \rho_w$——水的密度，kg/m^3；

$\qquad v$——相应设计状况下水流计算断面的平均流速，m/s。

表 4.5　脉动压力的脉动压强系数 K_p

结构部位	溢洪道泄槽	鼻坎
K_p	0.010～0.025	0.010～0.020

3. 脉动上举力

许多学者的研究表明，混凝土护板的失稳最终都集中反映在水流对护板的上举力上。上举力是由脉动压力在缝隙中的传播所引起的。在实际工程中，为了适应混凝土护板温度变化所引起的膨胀和收缩以及堆石体的不均匀沉陷所产生的变形，混凝土护板之间一般要设置各种施工缝。当过水土石围堰的过流量较大，护面上流速达到一定值时，强烈的脉动水流渗入护板缝隙形成较强的脉动压力并沿缝隙传播，使混凝土护板不断的振动，同时脉动压力在混凝土护板上产生强大的瞬时上举力，对混凝土护板的稳定非常不利。

对于脉动压力波在缝隙中的传播规律、上举力的产生等问题，许多学者做了大量的研究，但迄今为止，并未取得一致的看法。有的学者认为上举力是由块体上下表面的压力波相位不同所引起的，有的则认为是由块体表、底面流速不同、脉动压力波幅度和相位不同引起的。清华大学对此做了比较深入的研究，从分析脉动压力在岩缝中的传播规律着手，研究上举力的成因。研究表明水流脉动压力波在缝隙中的传播速度很大，一般为 $10^2 \sim 10^3 m/s$，而在护板表面，水流运动不受缝隙的约束，因而脉动压力传递速度应与水流特征速度（或载能涡的运移速度）同量级（$V_L < 10 m/s$），其数值远小于护板下缝隙中脉动压力的传播速度。这样在护板表、底面的脉动压力波在传播过程中，在同一时间有滞后效应，因此，在某一瞬时，护板表、底面的脉动压力有可能相位不同，也有可能是两个互不相关的相互独立的脉动压力波，可能会出现一个最大、一个最小的情况，这样会在护板上形成强大的瞬时上举力。

4. 其他作用力

混凝土护板在过水时还要承受很多其他的作用力，如：水流作用于板的切向拖曳力、水流作用于板下的浮托力等的作用。当混凝土护板下的作用力达到一定值，足以将混凝土护板推起时,板块开始晃动。一旦护板头部出现抬动,具有一定流速的水流立即从正面、侧面钻入板底,形成强大的上举力,同时,抬起的板头受到水流的迎水压力,混凝土护板稳定进一步恶化。垫层对护板稳定的作用亦不容忽视。垫层经合理设计后,可以明显降低护板下水头压力,减小护板厚度。

4.5.2　混凝土护板的失稳机理

1. 混凝土护板可能出现的失稳模式

在实际工程中,由于施工和运行条件的限制,护板之间往往存在一些沉陷缝,使各护板处于相对“孤立”状态。当过流量不太大时,护板保持静止。随着过流量的不断增大,护板受力条件随之恶化,可能会有一块和几块处于临界状态。当护板的受力条件继续恶化时,这块板或这些板可能向下游滑动,也可能向上浮升,或绕自身下游底边向下游倾覆翻转,或绕自身侧面底边侧向翻转。当板向下游滑动时,由于板间缝隙微小,护板将很快与下游板碰撞,在受到下游板约束力的作用后,又重新稳定,即处于“局部约束”状态。而上述其他三种运动只会出现两种结果:一是继续运动,导致失稳破坏;二是遇到下游(或侧面)护板的约束反力后,恢复到受“局部约束”的状态。当过流量继续增大,进一步导致受局部约束护板受力条件恶化时,护板将产生浮升,向下游倾覆或向侧面倾覆,进而导致失稳破坏,如图 4.6所示。

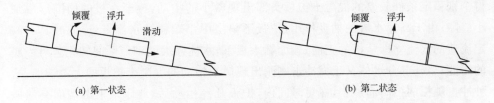

(a) 第一状态　　　　　　　　　　　　(b) 第二状态

图 4.6　护板各种失稳方式示意图

混凝土护板在过水时的受力条件非常复杂,其失稳机理也相当复杂。对此,国内外的许多学者做了不少研究。大部分针对挑射水流对下游水垫塘中混凝土护坦板的冲刷破坏机理分析。

通过试验分析,消力池中混凝土护坦板块在水流作用下的失稳过程分为三个阶段:①轻微振动;②升浮振动;③上浮出穴。试验记录的护坦板的起动过程如图 4.7所示。

从图 4.7 中可以看出,板块在不断地振动与上下沉浮,只有当护板所受合力足够将其顶托起来的时候,护板出穴失稳。

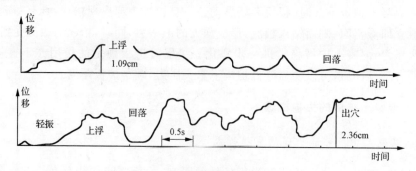

图 4.7　护坦板块起动失稳过程

2. 混凝土护板的失稳方式

混凝土护坡板的失稳是由土石过水围堰堰面的水流条件、边坡条件、板的自稳条件、板周围的约束条件、板下滤层条件以及施工质量等综合因素共同作用的结果。从护坡失稳的过程看,可能的失稳模式主要有倾覆、浮升及侧向偏转三种。下面分别讨论这几种常见的失稳方式。

1) 倾覆

随着土石过水围堰溢流量的逐渐增加,下游边坡流速增大,坡面水流与下游水流衔接处形成水跃。在水跃前沿部位,水流紊动剧烈,渗透出流也较集中,有时使得个别稳定条件较差的混凝土护板头部出现微小的抬动,逐渐在板的周围形成细小缝隙,由于高速水流的抽吸作用,护板下垫层中小颗粒被水流带走,同时具有一定流速的水流立即从板的正面、侧面钻入板下,水体强大的动能瞬间转化为对板底的压能;另外部分水体又正面冲击刚刚出现微小抬动的混凝土护板的上游端面,这种冲击随板的抬高而加剧,在短时间内,护板几经抬动后,终于从上游端面突然掀起,而掀起以后的护板很难再落回原处,一般是落回到比原来位置稍高一些的地方后被卡住,然后可能被再次掀起,最后沿纵向倾翻失稳,或向两侧错位失稳。紧接着其上部板及其附近区域护板很快失稳。

2) 浮升

同上述情况类似,当混凝土护板的上端部开始微微抬动时,板受四周的约束力减弱,水流从板四周缝隙钻入板底,强大的动能顷刻间转化为压能,并在板的下端部底部形成较大的顶托力,致使板整体处于临界浮升状态。当过堰流量继续增大,尾水位浮托力也随着增大,渗透力、浮托力、脉动压力的向上作用及可能产生的局部负压力使板不均匀地被顶托移位(一般板上端抬高稍大),当这种移位超过或接近一块板厚时,板即可能绕其下端部倾翻,或整个滑脱原位而失稳。所以确切地说,护板的初始失稳从浮升开始,以复杂的综合失稳方式告终。

　　3) 侧向失稳

　　当个别混凝土护板的头部向上略有抬动时,实际上板沿侧向也在发生左右摆动,并随水流紊动程度的加剧而明显晃动。当这种侧向摇摆运动持续到一定时候,板周围的约束力逐渐随着板与板之间的松脱而失效,突然间板的头部被明显抬高(一般超过一块板厚),瞬间向两侧滑移而失稳。这种失稳的因素非常复杂,是相对较大的竖向顶托力、横向脉动负荷、边坡下面的垫层不均匀沉陷而引起的作用力等综合作用的结果。这种失稳后的明显表现是较多的板斜卧在原位附近,旋转角度、方向不定,而一般较多发生在水跃脉动剧烈区域。

　　3. 混凝土护板的稳定计算

　　混凝土护板在过水条件下的情况非常复杂,其三维受力图见图 4.8。主要作用力包括:板的自重力 G 或板在水下的有效重 G';水流作用于板面的切向拖曳力 T(其正向以 T 表示,侧向以 T' 表示);水流作用于板下的渗透压力 F_s;水流作用于板下的浮托力 F_f;板迎水部位的迎水推力 P_n;护板侧边板头由侧向水流引起的迎水压力 P_n';板下动水压力 F_1;脉动压力 F_p;护板可能出现的局部负压 F_a;水流作用于板上的动水压力 F_{h_s};板下测压管水头压力 F_{h_c}(混凝土护板所受渗透力、板下动水浮升力和静水浮力的综合);垫层反力 N;护板底部的垫层的摩擦力 F 等。在考虑护板的稳定时,可以忽略板间的相互约束。

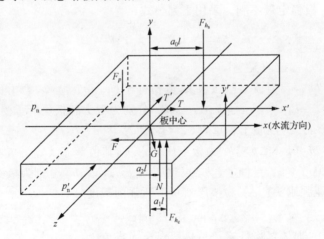

图 4.8　护板三维受力图

　　1) 抗浮升稳定计算

　　混凝土护板的各种失稳方式总是从向上抬动开始的。图 4.9 为土石过水围堰下游混凝土护板浮升失稳受力示意图。图中:G 为护板自重;F_{h_c} 为板下测压管水头压力,它综合包括了混凝土护板所受的渗透压力、板下动水压力和浮托力;F_{h_s} 为护板上动水压力;N 为护板下垫层反力;F 为护板底部受垫层的摩擦力;T 为水流的拖曳力。

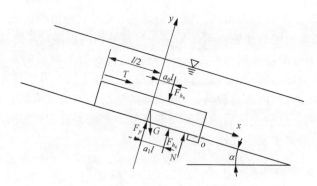

图 4.9　护板浮升失稳示意图

由受力分析,混凝土护板的临界稳定条件是:$\sum F_y \leqslant 0$,即

$$F_{h_c} + F_p - F_{h_s} - G\cos\alpha \leqslant 0 \tag{4.50}$$

式中:α——下游坡坡度;

F_p——水流脉动压力。考虑水流脉动压力的随机性,准确值难以给出。由前面的分析知,水流脉动压力基本符合正态分布。从安全角度出发,即考虑板上脉动压力下偏最大,板下脉动压力上偏最大时对护板稳定最不利。采用下列公式:

$$F_p = \pm 0.05\,\frac{v^2}{2g}\gamma_w lb$$

v——计算部位的流速;

$F_{h_s} = \gamma_w lb h_s$,$h_s$ 为板上压强水头,其值等于 $(h_{s1} + h_{s2})/2$,合力作用点偏心率 $\alpha_0 = (h_{s2} - h_{s1})/3(h_{s1} + h_{s2})$,$h_{s1}$、$h_{s2}$ 分别为板头和板尾所承受的压强水头;

$G = \gamma_s lbd$,γ_s 为混凝土容重,取 2.4t/m³;

$F_{h_c} = \gamma_w lb h_c (1 - \Delta p)$,$h_c$ 为板下压强水头,其值等于 $(h_{c1} + h_{c2})/2$,合力作用点偏心率 $\alpha_1 = (h_{c2} - h_{c1})/3(h_{c1} + h_{c2})$,$h_{c1}$、$h_{c2}$ 分别为板头和板尾所承受的压强水头。Δp 为垫层对板下压强削减度(%):

$$\Delta p = 85.798 k_t \mathrm{e}^{-\frac{7}{B k_y / k_d}} \tag{4.51}$$

式中:k_y/k_d——堰体料渗透系数与垫层料渗透系数比;

B——垫层的垂直厚度,m;

k_t——计算部位板下压强削减度调整系数,k_t 的取值根据计算位置的不同分为三个范围:下部取 0.75~1.00,中部取 1.00,上部取 1.00~1.25。

假定在初始时刻垫层及护板均稳定,经过 Δt 时间,混凝土护板尾部下垫层被淘刷,淘槽呈矩形,深 Δd,长度 Δl。显然垫层被淘刷以后垫层对板下压强的削减能力将会降低,其计算式如下:

$$\Delta p' = 85.798\beta k_t e^{-\frac{7}{B'k_y/k_d}} \tag{4.52}$$

式中：B'——垫层淘刷后当量厚度，m；

　　　β——考虑垫层淘刷后垫层中细粒料流失，垫层渗透系数增大后垫层对板下
　　　　　　压强削减度降低的折减系数。

　　将 F_{h_c}、F_p、F_{h_s} 和 G 的表达式代入式（4.50），得经过垫层淘刷后混凝土护板稳
定临界状态公式如下：

$$\gamma_w h_c (1 - 0.858\beta k_t e^{-\frac{7}{k_y B'/k_d}}) + 0.05\frac{v^2}{2g}\gamma_w - \gamma_w h_s - \gamma_s \cos\alpha d \leqslant 0 \tag{4.53}$$

　　2）护板抗倾覆稳定计算

　　由前面的失稳方式分析可知，护板倾覆失稳是由护板头部出现微小抬动开始
的。由图 4.10 可知，当护板下部垫层被部分淘刷，混凝土护板倾翻先是绕 o 点转
动，在护板倾覆前，其产生的位移与原来的位置相比变动不大，故各力的作用方向
均变化不大，在初步计算中，忽略不计。故混凝土护板倾覆失稳平衡方程可以表示
为 $\sum M_o \geqslant 0$，即

$$G\cos\alpha\left(\frac{l}{2} - \Delta l\right) - G\sin\alpha\frac{d}{2} - P_n d + F_{h_s}\left(\frac{l}{2} - a_0 - \Delta l\right)$$
$$- F_{h_c}\left(\frac{l}{2} - a_1 - \Delta l\right) - F_p\left(\frac{l}{2} - \Delta l\right) - Td \geqslant 0 \tag{4.54}$$

式中：Δl——淘槽长度，m；

　　　P_n——板头迎水压力，按下式计算：

$$P_n = k_n\frac{v^2}{2g}\gamma_w\Delta\delta b \tag{4.55}$$

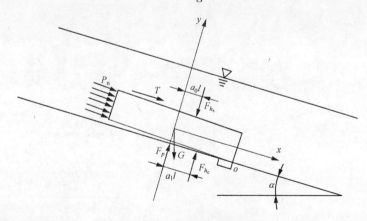

图 4.10　护板倾覆失稳示意图

式中：k_n——修正系数；

    $\Delta\delta$——施工中允许的不平整度，取 0.02；

    T——水流对混凝土护板表面的拖曳力，按下式计算：

$$T = \gamma_w h_s lb \sin\alpha \tag{4.56}$$

将式(4.55)、式(4.56)代入式(4.54)中得

$$\gamma_s lbd\cos\alpha\left(\frac{l}{2}-\Delta l\right)-\gamma_s lbd\sin\alpha\frac{d}{2}-k_n\frac{v^2}{2g}\gamma_w\Delta\delta bd+\gamma_w lbh_s\left(\frac{l}{2}-a_0-\Delta l\right)$$

$$-\gamma_w lbh_c(1-\Delta p')\left(\frac{l}{2}-a_1-\Delta l\right)-0.05\frac{v^2}{2g}\gamma_w lb\left(\frac{l}{2}-\Delta l\right)-\gamma_w h_s lb\sin\alpha d\geqslant 0$$

$$\tag{4.57}$$

    如果此时护板发生绕 o 点的转动，转动后自然会与垫层淘刷坑底接触，此后，护板则绕板尾下缘翻转，如图 4.11 所示。护板稳定临界关系式：$\sum M_o\geqslant 0$，即

$$G\cos(\alpha+\beta)\frac{l}{2}-G\sin(\alpha+\beta)\frac{d}{2}-T_F[H_u+l\sin(\alpha+\beta)]$$

$$+F_{h_s}\left(\frac{l}{2}-a_0\right)-F_{h_c}\left(\frac{l}{2}-a_1\right)-F_p\frac{l}{2}\geqslant 0 \tag{4.58}$$

式中：$\alpha+\beta$——护板绕 o 点转动后与淘槽接触时的角度，可由几何关系分析得到；

    T_F——板抬高后遭受的迎水压力及水流对护板表面的拖曳力的合力，即

$$T_F = T+C_D\gamma_w\frac{v^2}{2g}H_u B \tag{4.59}$$

    C_D——绕流阻力系数，其取值视块体结构形式而定，对于矩形护板可取 2.05；

    H_u——护板首部抬高，m。

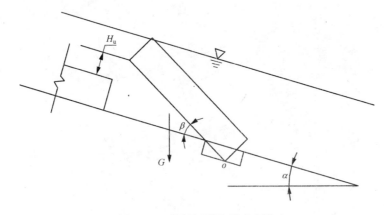

图 4.11　护板倾覆失稳示意图

4.5.3 带状混凝土护板的受力破坏机理分析

1. 混凝土护板的破坏试验现象

某水电工程采用过水围堰导流方式,其上游土石过水围堰拟采用如图4.12所示结构型式。为了测试围堰过水流速、流态和过堰最不利流量,分析围堰下游坡混凝土护面面板(以下简称"护板")临界稳定状态,研究护板破坏形式及机理,验证堰体过流保护措施,进行了过水围堰模型试验。主要研究了两种混凝土护板型式。试验方案一护板采用尺寸为10m×10m×0.8m(长×宽×高),梅花形布置,板上设置排水孔,模型照片见图4.13;试验方案二护板采用12m宽的混凝土长条带,沿流向不分缝,在堰脚处设置排水孔,模型照片见图4.14。

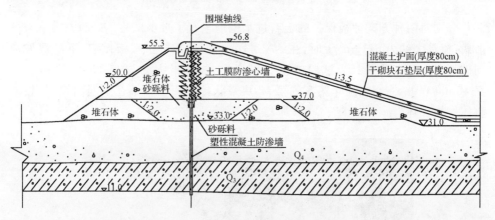

图4.12 某土石过水围堰结构型式示意图

图4.13 模型实验第一种护面面板实景图

图 4.14　模型实验第二种护面面板实景图

　　分别对两种方案护板保护的土石过水围堰进行了过水试验。试验方案一破坏形式:流量大约为 6170m³/s 时,在约 ▽ 41m 高程处部分护板被掀起,下游堰坡遭到破坏,照片见图 4.15。试验方案二破坏形式:流量大约为 6500m³/s 时,在约 ▽ 45m 高程处,右岸向左岸第 8 到第 12 块带状护面面板相继在中间断裂,护板的整体性被破坏。

图 4.15　模型实验第一种护面面板破坏图

　　2. 混凝土护板受力破坏分析

　　混凝土护板在过水条件下的受力情况非常复杂,在忽略板间的相互约束假设下其受力示意图如图 4.16 所示。

　　图 4.16 中:α——下游坡坡度;

　　　　　　　　G ——板在水下的有效重力;

　　　　　　　　F_s——水流作用于板下的渗透压力;

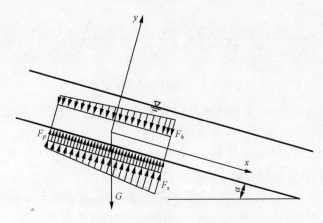

图 4.16　护板受力示意图

F_h——护板上水流脉动压力；

F_p——护板下水的脉动压力。

对条带型护板而言，所受的力都是面力。主要分析沿 x 方向(沿板面向下游方向)的受力情况。根据试验现象观察，在这些力的联合作用下，混凝土面板遭到破坏。

1) 面板受力综合分析

(1) 重力。护板重力以单元来进行分析，沿 x 方向上分布情况为均匀分布，力的大小如式(4.60)和图 4.17 所示(以下所有对护板的受力分析图都以从左到右代表堰顶到堰脚方向)。

$$F_g = \frac{G}{n}\cos\alpha \qquad\qquad (4.60)$$

式中：G——整个长条面板在水下的有效重力，$G = (\gamma_s - \gamma_w)lbd$；

　　　γ_s——混凝土容重；

　　　n——单元的个数；

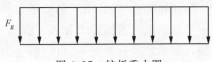

图 4.17　护板重力图

　　　α——下游坡坡度。$\tan\alpha = \dfrac{1}{m}$，$m$ 为围堰下游面坡比。

(2) 脉动压力。混凝土护板上，由于水流的流动产生脉动压力。脉动压力时正时负，坡面流速较大时，容易产生局部负压。由于脉动压力具有随机性，其准确值难以测量。由随机理论可知，压力脉动可作为一个随机过程，分解成为多个频率不同、振幅不同的正弦、余弦波之和(图 4.18)。

(3) 脉动上举力。当面板上运动的水流钻入面板之间的缝隙，在缝隙中传播就产生了脉动上举力。水流在面板下受到缝隙的约束，传播速度很大，一般为 $10^2 \sim 10^3$ m/s 量级；而在护板表面，水流运动不受缝隙的约束，因而脉动压力传递

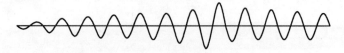

图 4.18　面板的脉动压力图

速度应与水流特征速度(或载能涡的运移速度)同量级($V_L < 10\text{m/s}$),其数值远小于护板下缝隙中脉动压力的传播速度。相同的是,脉动上举力也是一个随机过程,同样可以分解成为多个频率不同、振幅不同的正弦、余弦波的和。受力图和脉动压力受力图相似,只是振幅不同,力的方向也是随机的。

(4)渗透压力。根据渗流场计算求解渗透压力,渗透压力方向沿着水流方向是不一致的。可能的受力情况如图 4.19 所示,渗透压力可表示为

$$F_s = \gamma_w J \tag{4.61}$$

式中：γ_w——水的重度;

　　　J——渗透坡降。

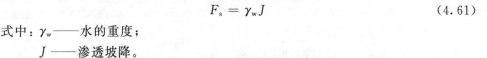

图 4.19　护板渗透压力图

2)护坡板最不利受力组合分析

由前述的分析知,由于脉动压力和脉动上举力方向不定,从安全角度出发,考虑板上脉动压力下偏最大和板下脉动压力上偏最大时对护板稳定最不利。因此,围堰在最不利运行工况下,由护板受力的联合作用下的某个时刻,存在所有作用力的最不利组合。在此组合情况下,面板的某处可能承受的力矩最大。通过计算分析护板受力可能的最不利组合,概化为最不利受力分布图,如图 4.20～图 4.22 所示。

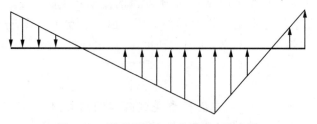

图 4.20　最不利组合时渗透压力分布图

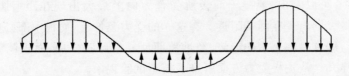

图 4.21　最不利组合时脉动压力分布图

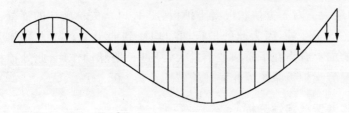

图 4.22　最不利组合时脉动上举力分布图

在上述的最不利荷载作用下,护板所受合力的弯矩图的情况如图 4.23 所示,各位置处的受力值如表 4.6 所示。

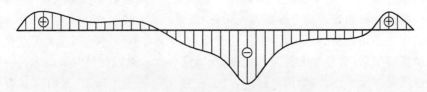

图 4.23　护板最不利受力组合情况下的弯矩图

表 4.6　最不利工况护板典型受力表

各力在不同位置处的值	单元的重力/N	渗透压力/N	脉动压力/N	脉动上举力/N	合力/N
堰脚处	20728.30	−51429	−5.10	−5200.13	−77372.53
距堰脚 1/12 处	20728.30	−6818	−21.29	−4119.05	−31696.64
距堰脚 1/6 处	20728.30	48972	−31.59	7739.81	35941.92
距堰脚 1/4 处	20728.30	106230	−29.31	19372.17	104834.66
距堰脚 1/3 处	20728.30	130950	−6.13	46750.69	156956.36
距堰脚 5/12 处	20728.30	143580	9.28	47386.78	170237.86
距堰脚 1/2 处	20728.30	116230	2.74	46431.67	141926.11
距堰脚 7/12 处	20728.30	90937	4.27	21551.18	91754.15
距堰脚 2/3 处	20728.30	47916	−5.16	12835.12	40007.66
距堰脚 3/4 处	20728.30	17805	−12.25	5477.08	2531.53
距堰脚 5/6 处	20728.30	−7371	−28.69	−1198.40	−29336.49
距堰脚 11/12 处	20728.30	−22547	−21.36	−5407.05	−48713.71
堰顶处	20728.30	−36058	−8.74	−6372.17	−63177.21

由表 4.6 可以看出,混凝土面板所受合力向上最大出现在距堰脚 $1/3\sim1/2$ 处,而向下最大则出现在两端附近。在这样的受力条件下,面板中部必然会产生瞬时局部负压,即有局部上抬的趋势,经过长期反复的脉动作用,面板就容易在中部发生断裂、浮升。从护板受力方面解释了模型试验现象。

3）单块混凝土护板的受力分析

由对条带状混凝土板受力分析情况可知,护板在距堰脚 $1/3\sim1/2$ 处的弯矩和脉动上举力最大。对于方块状混凝土护板(图 4.14),失稳破坏的混凝土护板也位于距堰脚 $1/3\sim1/2$ 处,因为此处护板四周均受到向上脉动压力和脉动上举力作用,其所受的向上合力在下游堰坡上最大,经过长期脉动作用,此处护板首先发生浮升失稳,混凝土护板系统因此而开始破坏。

4.5.4　堰体渗透稳定性分析

土石过水围堰是散粒体结构,当其过水时,一般受到两种破坏作用:一是水流沿下游坡面下泄,动能不断增加,冲刷堰体表面;二是由于过水时,水流渗入堰体所产生的渗透压力,引起下游坡连同堰顶一起深层滑动,最后导致渗透破坏。因此,研究围堰的渗流和渗透稳定性显得尤为重要。

水流在多孔介质中运动,由于多孔介质中孔隙大小、形状复杂,水质点在其中的运动规律复杂,有些地方甚至不连续,所以这种水流难以像研究地表水一样建立水质点运动方程描述,需要用统计的方法,忽略个别质点的运动,来研究具有平均性质的运动规律。这种方法的实质就是用和真实水流属于同一流体的、充满整个含水层(包括全部的孔隙空间和土体岩石颗粒所占据的空间)的假想水流来代替仅仅在孔隙中运动的真实水流,通过对这一假想水流的研究来达到了解真实水流运动规律的目的。这种假想水流同时还应具有下列性质:

（1）通过过水断面的流量与真实水流通过该断面的流量相同。

（2）在断面上的水头及压力与真实水流的水头及压力相等。

（3）在多孔介质中运动时所受到的阻力等于真实水流所受到的阻力。

满足这些条件的假想水流称为渗流。我们把渗流所占据的空间称为渗流场,描述渗流的参数称为渗流要素,如压力 P、速度 v 及水头 H 等。

1. 渗流的基本概念

1）渗流的作用力

（1）静水压力与浮力。在饱和的多孔介质中,渗流对某一接触面上的静水压力服从流体的静水压力分布,即任一点上的静水压力为

$$p = \gamma_w h$$

式中：h——深度。

固体颗粒淹没于水中,由于静水压力作用结果而产生浮力,使颗粒的重量减轻。同样对于一定体积的多孔介质,只要孔隙彼此连通,并全部充满水时,由于各点的静水压力存在,故使多孔介质整体也将受到浮力,且等于各颗粒所受浮力的累加总和。根据土的三相比例关系得浮重度 γ' 为

$$\gamma' = \gamma_{\text{sat}} - \gamma_{\text{w}}$$

或

$$\gamma' = \gamma_{\text{d}} - (1-n)\gamma_{\text{w}} \tag{4.62}$$

式中:γ_{sat}、γ_{w}、γ_{d} 和 n——土的饱和容重、水的容重、土的干容重和多孔介质孔隙率。

(2)渗透力。在饱和的多孔介质中,水流在孔隙中的运动,它对颗粒骨架的稳定性将发生破坏作用。由于动水压力产生的作用在土体上的力称为渗透力。单位体积多孔介质沿流线方向所受的渗透力 f_{s} 为

$$f_{\text{s}} = -\gamma_{\text{w}}\frac{\mathrm{d}h}{\mathrm{d}L} = \gamma_{\text{w}}J \tag{4.63}$$

式中:γ_{w}——水的容重;

$\mathrm{d}L$——渗流路径长度;

$\mathrm{d}h$——渗流路径上的水头损失;

J——水力梯度。

浮力和渗透力的作用直接关系着土体的渗透稳定性,对岩土体的渗透变形研究有着重要的意义。虽然静水压力产生的浮力不直接破坏土体,但能使土体的有效重量减轻,降低了抵抗破坏的能力,因而也是一种消极破坏力。至于动水压力产生的渗透力和渗流冲刷力,则是一种主动的破坏力,它与渗透破坏的程度成直接的比例关系。

2)渗流水头和水力梯度

由水力学的基本理论可知,地下水流中任意一点的总水头为

$$H = z + \frac{p}{\gamma_{\text{w}}} + \frac{u^2}{2g} \tag{4.64}$$

式中:z——研究点的位置高度,即研究点到任意选定基准面的垂直距离;

p——研究点上的动水压力;

$\dfrac{u^2}{2g}$——流速水头。

由于地下水的运动速度很缓慢,流速水头 $\dfrac{u^2}{2g}$ 很小,可以忽略不计。因此在渗流计算时,总水头 H 等于测压管水头 H_{n},即

$$H_{\text{n}} = z + \frac{p}{\gamma_{\text{w}}} \tag{4.65}$$

渗流不是理想流体,具有黏滞性。因而在运动过程中能量不断消耗,反映在水头上为沿程不断减小。因而在渗流场中各点的水头并不都是相同的。可把渗流场内水头值相同的各点连成一个面,称为等水头面。它可以是平面或曲面。等水头面上任意一条线上的水头都是相等的。通常选用等水头面与某一平面的交线作为等水头线。等水头面(线)在渗流场中是连续的,并且不同数值的等水头面(线)不会相交。

在渗流力学中,把大小等于梯度值,方向沿着等水头面的法线指向水头降低方向的矢量称为水力梯度,用 J 表示,即

$$J = -\frac{\mathrm{d}H}{\mathrm{d}n}n \qquad (4.66)$$

式中:n——法线方向的单位矢量。

3) 渗流量

通过渗流分析求得的所研究渗流区域中各点的渗流速度后,就可以选择适当的渗流控制断面计算通过相应区域的渗流量 Q:

$$Q = \iint_S v_n \mathrm{d}S \qquad (4.67)$$

式中:S——过流断面;

　　　v_n——过流断面的法向渗流速度。

上述流速、流量、水头、水力梯度以及渗透力等物理量是对围堰堰体稳定分析中考虑渗流作用必不可少的要素。因此,通过渗流分析求得所研究渗流区域内实际水力梯度的分布,才能对围堰的进一步深入研究提供更准确的理论依据。

4) 渗流速度

如前所述,渗流是充满整个岩土截面的假想水流。垂直于渗流方向取一个岩土截面,称为过水断面。

设通过过水断面 A 有一个渗流量 Q,则渗流流速(或称比流量)为

$$v = \frac{Q}{A}, \ q = \frac{Q}{A} \qquad (4.68)$$

因此渗流速度 v 代表渗流在过水断面上的平均流速。它不代表任何真实水流的速度,只是一种假想的速度。

2. 达西定律

1) 达西定律实验

实验结果证明,渗流量 Q 除与断面面积 A 成直接比例外,与水头损失 $(h_1 - h_2)$ 成正比,与渗径长度 L 成反比;引入决定于土粒结构和流体性质的一个常数 k 时,则达西定律可写为

$$Q = Ak \frac{(h_1 - h_2)}{L}$$

或

$$v = \frac{Q}{A} = -k \frac{\mathrm{d}h}{\mathrm{d}s} = kJ \qquad (4.69)$$

式中：v——断面 A 上的平均流速，或称达西流速；

　　　J——渗透坡降，即沿流程的水头损失率；

　　　k——渗透系数；

　　　h——测压管水头，它是压力水头与位置高度之和，即

$$h = \frac{p}{\gamma_\mathrm{w}} + z \qquad (4.70)$$

式中：p——压强；

　　　γ_w——水的容重。

对于渗流来说，流速水头可以忽略，故测压管水头就代表单位重流体的能量，$h_1 - h_2$ 就代表能量的损失。

达西定律是描述能量损失的线性阻力关系，渗流坡降 J 的相对大小反映阻力的大小，代表单位重量流体能量沿程的损失率。

2）达西定律的适用范围

许多研究者都指出，随着渗透流速（比流量）的增大，达西定律即渗透速度与水力坡降之间的线性关系便不再成立。

（1）达西定律的上限。达西定律只能适用于线性阻力关系的层流运动，因而受一定水力条件的限制，当渗流速度 v 或水力坡降 J 增大时，由于惯性力的增加，支配层流的黏阻力渐渐失去其主控作用，使 J-v 的线性关系渐转为非线性关系。

（2）达西定律的下限。达西定律有效范围的下限，终止于黏土中微小流速的渗流，它是由土颗粒周围结合水薄膜的流变特性所决定的。一般黏土中的渗透，只有在较大的水力坡降作用下突破结合水的堵塞才开始发生渗流，所以存在一个起始坡降问题。在开始渗透时，由于有效过水断面的变动而不符合达西线性阻力定律；直到形成相对稳定的渗透断面，才按照达西定律形成直线变化。

3. 渗流基本方程

渗流的连续性方程可根据质量守恒原理来建立，即渗流场中水量在某一单元时间内的速率等于进出该单元体流量速率之差。

一般情况下，假设微分体的体积是不改变的，则渗流连续性方程为

$$-\left[\frac{\partial(\rho v_x)}{\partial x} + \frac{\partial(\rho v_y)}{\partial y} + \frac{\partial(\rho v_z)}{\partial z} \right] = S_x \frac{\partial(\rho n)}{\partial t} \qquad (4.71)$$

若流体密度 ρ 为常数且多孔介质不可压缩，则上式变为

$$\frac{\partial v_x}{\partial x} + \frac{\partial v_y}{\partial y} + \frac{\partial v_z}{\partial z} = 0 \tag{4.72}$$

式(4.72)表明在同一时间内流入均衡单元体的水体积等于流出的水体积,即体积守恒,此时把渗流当成刚性液体,即为不可压缩流体在刚性介质中流动的连续性方程。

4. 渗流基本微分方程

根据达西定律,x、y、z 方向的渗流速度可表示为

$$v_x = -k_x \frac{\partial h}{\partial x}; \quad v_y = -k_y \frac{\partial h}{\partial y}; \quad v_z = -k_z \frac{\partial h}{\partial z} \tag{4.73}$$

将式(4.73)代入式(4.71),得到

$$\frac{\partial}{\partial x}\left(k_x \frac{\partial h}{\partial x}\right) + \frac{\partial}{\partial y}\left(k_y \frac{\partial h}{\partial y}\right) + \frac{\partial}{\partial z}\left(k_z \frac{\partial h}{\partial z}\right) = S_s \frac{\partial h}{\partial t} \tag{4.74}$$

当各向渗透率为常数时,式(4.74)变为

$$k_x \frac{\partial^2 h}{\partial x^2} + k_y \frac{\partial^2 h}{\partial y^2} + k_z \frac{\partial^2 h}{\partial z^2} = S_s \frac{\partial h}{\partial t} \tag{4.75}$$

当水和土不可压缩时,即 $S_s = 0$,式(4.74)和式(4.75)变为

$$\frac{\partial}{\partial x}\left(k_x \frac{\partial h}{\partial x}\right) + \frac{\partial}{\partial y}\left(k_y \frac{\partial h}{\partial y}\right) + \frac{\partial}{\partial z}\left(k_z \frac{\partial h}{\partial z}\right) = 0 \tag{4.76}$$

$$\frac{\partial^2 h}{\partial x^2} + \frac{\partial^2 h}{\partial y^2} + \frac{\partial^2 h}{\partial z^2} = 0 \tag{4.77}$$

式(4.76)就是稳定渗流的基本微分方程。当各向渗透性为常数时,式(4.76)就变为式(4.77),该式为著名的拉普拉斯方程。式(4.77)只包含一个未知数,结合边界条件就有定解。虽然式(4.77)是稳定渗流的微分方程,但对于不可压缩介质和流体的非稳定流,也可以进行瞬时稳定场的计算。

对于平面渗流场,其渗流基本微分方程为

$$\frac{\partial}{\partial x}\left(k_x \frac{\partial h}{\partial x}\right) + \frac{\partial}{\partial z}\left(k_z \frac{\partial h}{\partial z}\right) + W = S_s \frac{\partial h}{\partial t} \tag{4.78}$$

当各向渗透性为常数时,式(4.78)变为

$$k_x \frac{\partial^2 h}{\partial x^2} + k_z \frac{\partial^2 h}{\partial z^2} = S_s \frac{\partial h}{\partial t} \tag{4.79}$$

式中: S_s——储水率或单位储存量,其值表示单位体积多孔介质,当水头降低一个
　　　　单位时,由多孔介质压缩及水的膨胀所释放出来的水量;

　　　W——总流量补给量,没有蒸发入渗时,就取消 W 这一项。

当水和土不可压缩时,即 $S_s = 0$,式(4.78)就变为各向异性二维稳定渗流基本微分方程:

$$\frac{\partial}{\partial x}\left(k_x \frac{\partial h}{\partial x}\right)+\frac{\partial}{\partial z}\left(k_z \frac{\partial h}{\partial z}\right)+W = 0 \qquad (4.80)$$

对于渗透各向同性材料来讲, $k_x = k_z$。

5. 渗流基本微分方程的定解条件

对于许多渗流问题,只要是稳定运动都可以用稳定的拉普拉斯方程描述,即这些方程具有多解性。为了能从它们全部的解中选出一个满足某个具体问题的确定解,就必须加上一些附加条件,这些附加条件就是通常所说的定解条件。基本微分方程的定解条件包括边界条件和初始条件。

1) 边界条件

边界条件(S_1 或 Γ_1)是指渗流场周围边界上水力要素(水头、渗透速度等)的状态,边界是指渗流场与非渗流场的交界面;边界上的水力要素是指从开始到需要计算的时刻为止边界上的全部状态。边界条件又分为第一类边界条件和第二类边界条件。

(1) 第一类边界条件。如果边界上某一部分各点的每时刻的水头值是已知的,这种边界条件通常称为第一类边界条件,又称作水头边界条件或 Dirichlet 条件,可表示为

$$H(x,y,z,t)\big|_{S_1} = \varphi_1(x,y,z,t) \quad x,y,z \in S_1$$

或

$$H(x,y,t)\big|_{S_1} = \varphi_1(x,y,t) \qquad x,y \in \Gamma_1 \qquad (4.81)$$

应当注意,给定水头边界不是定水头边界,两者要分开。定水头边界是指边界上的水头 H 或势函数 φ 是不随时间变化的,是个常数。这种情况下,除个别条件外,在自然界是很少见的。

(2) 第二类边界条件。若知道某一部分边界(S_2 或 Γ_2)单位面积(二维的为单位宽度)上流入(流出时为负值)的流量 q,或者已知势函数(水头函数)的法向导数时,称为第二类边界条件,又称为给定流量边界条件或 Neumann 条件。相应边界表示为

$$K \frac{\partial H}{\partial n}\big|_{S_2} = q_1(x,y,z,t) \quad x,y,z \in S_2 \qquad (4.82)$$

或

$$T \frac{\partial H}{\partial n}\big|_{\Gamma_2} = q_2(x,y,t) \quad x,y \in \Gamma_2 \qquad (4.83)$$

式中: n——S_2 或 Γ_2 的外法线方向;

q_1、q_2——S_2 或 Γ_2 的侧向补给量。

最常见的这类边界为隔水边界,此时, $q = 0$。在介质各向同性条件下,式(4.82)、式(4.83)可以简化为

$$\frac{\partial H}{\partial n} = 0 \tag{4.84}$$

2）初始条件

初始条件是指初始时刻（一般取这个时刻为零）整个渗流场的流态。所以进行非稳定计算时，必须先求得开始时刻稳定流场的水头分布作为初始条件。

所谓初始条件就是给定（$t = 0$）时刻的渗流场内各点的水头值，即

$$H(x,y,z,t)\big|_{t=0} = H_0(x,y,z,t)$$

或

$$H(x,y,t)\big|_{t=0} = H_0'(x,y,t) \tag{4.85}$$

初始条件可根据需要，任意选择某一时刻作为初始条件。初始条件说明渗流水体运动是从什么状态出发继续运动的，初始时间可以任意选择。对于稳定渗流场，初始状态的影响已经不再起作用，所以进行稳定渗流场分析不需要初始条件。

3）围堰渗流边界条件

根据边界条件和初始条件的介绍，针对围堰稳定渗流的情况，给出围堰具体的边界条件，如图 4.24 所示。

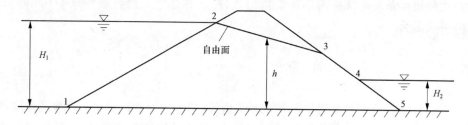

图 4.24　稳定渗流时围堰边界条件图

根据图 4.24 分析可得

$$H = \begin{cases} H_1 & 12 \text{ 边界} \\ H_2 & 45 \text{ 边界} \\ h & 23 \text{ 边界和 } 34 \text{ 边界} \\ \dfrac{\partial H}{\partial n} = 0 & 15 \text{ 边界和 } 23 \text{ 边界} \\ \dfrac{\partial H}{\partial n} \leqslant 0 & 34 \text{ 边界} \end{cases}$$

其中边界条件在自由面上有

$$\frac{\partial H}{\partial n} = \mu \frac{\partial H}{\partial t} \boldsymbol{n}_z; \quad H(x,y,z,t) = z(x,y,t) \tag{4.86}$$

式中：$\mu \dfrac{\partial H}{\partial t} \boldsymbol{n}_z$ ——自由面上由于自由面变动而引起的流量补给；

μ——给水度,表示自由面改变单位高度时,从含水层单位面积上吸收或排出的水量,是无量纲数;

n_z——自由面外法线方向向量。

边界条件在溢出面上有

$$\frac{\partial H}{\partial n} \leqslant 0; \quad H(x,y,z,t) = z(x,y,t) \tag{4.87}$$

6. 围堰渗流的有限元法

1) 渗流有限元法分析的基本原理

有限单元法以剖分离散和分块插值为指导思想。其基本方法是将连续的求解区域离散化为一组有限个且按一定方式相互连接在一起的单元组合体,利用每一个单元内假设的近似函数来分片地表达求解域上待求的未知场函数。由于单元能按不同的连接方式进行组合,且单元本身又可以有多种形状,因此可以模型化几何形状复杂的求解域。单元内的近似函数通常用未知场函数或其导数在单元的各个节点的数值和其插值函数来表达。这样一来,未知场函数或其导数在各个节点上的数值就成为新的未知量,从而使一个连续的无限自由度问题变成离散的有限自由度问题。一经求出这些未知量,就可以通过插值函数计算出各个单元内场函数的近似值,进而得到整个求解域上的近似值。很显然随着单元数目的增加,或者随着单元自由度的增加及插值函数精度的提高,解的近似程度将不断改进,只要单元满足收敛要求,近似解最后将收敛于精确解。对于渗流问题,也就是剖分所研究的区域,然后用比较简单的函数来构造每个子域中的水头函数表达式,并集合起来形成线性方程组,最后求解得到原来渗流区域的近似解。由于建立线性代数方程组的依据各有不同,有限单元法可以分成四种方法:

(1) 直接法:结构分析的刚度矩阵法是有限元中最早出现的方法,一般只能用来处理简单的关系问题。

(2) 变分法:把变分泛函区域离散化,然后对待定的节点场函数进行变分,使变分泛函达到极值,它可以用来处理比较复杂的问题。但有不少问题的泛函并不容易求解,使之应用上有一定的限制。

(3) 加权余量法:它从问题的基本方程出发,在分析中并不依赖于泛函或变分原理。它继承了有限元法的基本思想,在计算区域内选定试探函数作为近似解,将近似解代入微分方程,记产生微小的误差为 R,选定一组权函数,使误差函数 R 在计算区域上的加权积分为零(即平均意义上的误差函数 R 为零),此时的试探函数即为所求之解。这种反求近似解的方法称为加权余量法。对于那些方程已知,但泛函未知或没有泛函可采用的问题,均可用此法求解。因此,它是用途更广泛的方法。

（4）能量平衡法：它通常指某系统的机械能或热能的平衡。渗流计算中应用不多。

对于渗流问题主要是前述变分法和加权余量法。

有限元法的实施虽然也类似于有限差分法，但其实施方法不同。有限差分法是直接从微分方程入手，以离散格式逐步近似逼近方程中的导数。有限元法的实施则相反，按照变分原理求泛函积分找其函数值，即把微分方程及其边界条件转变为一个泛函求极值的问题。有限元法是一种分块近似里兹（Ritz）法的应用，即首先把连续体或研究区域离散划分为有限个、且按一定方式相互连接在一起的单元的组合体，再以连续的分片插值函数建立一个个的单元方程后，依靠各节点把单元与单元连接起来，集合为整体，形成代数方程组进行求解。具体计算方程的推导和求解可参考相关著作。

2）围堰渗流有限单元法的求解过程

（1）有限单元法中单元的剖分。在进行有限元计算时，首先对渗流场作剖分，即用一些假想的线将整个渗流场划分为有限个小区域——单元。二维问题最简单、最常用的是三角形单元，这是因为三角形单元比较灵活，能较好地适应渗流场复杂的边界条件和非均质土层分布。三角形剖分基本上是任意的，一般根据渗流概念在渗流坡降变化比较大的部位，或在要详细研究的部位单元划分密些。同一单元中渗透系数为常数，不同土层的分界线应作为单元的边。

（2）有限元法分析的步骤。采用有限元法分析问题的步骤如下：

① 把待求解区域划分为一系列数目的有限个单元。单元的顶点成为节点，单元与单元之间通过节点相联系。这个过程称为"离散化"或"区域剖分"。

② 用变分法或加权余量法建立每个节点的单元系数矩阵，也称单元渗透矩阵。

③ 把单元渗透矩阵集合起来，形成一组描述整个渗流区域的代数方程组，建立总的系数矩阵或总的渗透矩阵。

④ 把给定的边界条件也归并到总矩阵中。

⑤ 求线性代数方程组的解，最终得出问题的解答。

3）求解无压渗流场自由面的方法

渗流问题的数值分析方法主要有边界单元法、有限差分法和有限单元法。有限差分法通过差分方法求解偏微分方程来实现曲线网格的自动生成，实现对复杂几何边界的模拟，但是仍难以准确地求解复杂的渗流问题，而有限单元法是一种应用较为成熟、最广泛的方法。

在水利水电工程中，存在许多有自由面的无压渗流问题，如土石坝渗流、混凝土坝渗流、地下洞室围岩渗流及围堰挡水渗流等。自由面是渗流场特有的一个待定边界，这使得应用有限元法求解渗流场问题变得更为复杂。对于有压渗流问题，只需一次性求解稳定渗流有限元方程即可,对于无压渗流问题,由于自由面和逸出点位置是未知的,需要采用迭代的方法来获得近似解,因而这类渗流分析属于非线性问题。求解该类问题的有限元法,通常有移动网格法和固定网格法两种。

(1) 移动网格法。先根据经验假定渗流自由面的位置,然后把它作为一个计算边界,按照 $v_n = 0$ 的边界条件进行分析,得出各节点水头值 H 后,再看 $H = z$ 条件是否已经满足。如不满足,调整自由面和逸出点的位置,一般可令自由面的新坐标 z 等于求出的节点水头 H,然后再求解,直到满足条件为止。

移动网格法的最大优点是渗流自由面和逸出点可以随着求解渗流场的迭代过程逐步稳定而自行形成,迭代过程是收敛的。虽然移动网格法取得了许多成功的经验,但也表现出其本身的缺陷:

① 当初始自由面与最终自由面相差较大时,网格变形过大,可能引起单元畸形,以致相邻单元发生交替、重叠,误差太大。

② 网格变形改变了渗流域不同介质的边界。

③ 渗流域内存在结构物时,网格变形改变了渗流域内结构物的边界。

④ 无法计算自由面以上区域的其他物理量,因此无法进行耦合分析。

⑤ 网格变动过程中,每一次迭代计算网格均要随自由面的变动而变动,总体渗流矩阵要重新生成,计算量较大。

(2) 固定网格法。自从 Neumann1973 年提出求解自由面的 Galerkin 法以后,不少学者对固定网格法进行了研究,比较有影响的有的剩余流量法、Bathe1979 年的单元渗透矩阵调整法、吴梦喜 1994 年的虚单元法和张有天 1988 年的初流量法。2004 年,党发宁在上述研究的基础上,提出了变单元渗透系数法。这是一种真正的固定网格法,迭代计算过程中对网格不作任何改动。分别说明如下。

① 剩余流量法。剩余流量法首先由 Desai 于 1976 年提出,剩余流量法通过不断求解流过自由面的法向流量(称为剩余流量)建立求解水头增量的线性代数方程组,达到修正全场节点水头和调整新的自由面位置的目的。迭代过程中只需一次形成总体渗透矩阵,但需要判断自由面被单元分割的各种情形,要求算出穿过单元的自由面被单元切割的面积及流过自由面的法向流速,计算工作量很大,难以推广到三维问题中。剩余流量法计算中全部调整均依赖于第一次有限元计算结果,因此计算精度较低。

② 单元渗透矩阵调整法。单元渗透矩阵调整法首先由 Bathe 于 1979 年提出,它利用对渗流场有限元计算的结果,根据单元节点水头与节点位势的比较,把渗流场进行分区,各区的渗透系数给不同的值,通过不断调整单元渗透矩阵,模拟渗流不饱和区的作用,来确定真实的渗流饱和区及渗流场。该算法实际上是把边界不确定的非线性问题转化成线性问题来考虑。

单元渗透矩阵调整法跨自由面单元按复合材料单元处理。单元通过节点与外部联系,其内部各点的参数可表示为节点处参数的多项式插值,是坐标的连续可导函数。复合材料单元渗透系数在复合缝面突变,其单元渗透矩阵不能反过来代表这一特性,不能真实反映这一区域的透水特性,且矩阵主元常不占优,影响总渗透矩阵的占优特性。采用复合材料单元,计算精度和计算稳定性都受到影响。

③ 虚单元法。虚单元法由吴梦喜于 1994 年提出。虚单元法以上一次有限元计算的节点水头为基础,求出自由面与单元边线的交点,移动跨自由面单元的某些节点,使之落于交点处,自由面将单元分成渗流实区和虚区。渗流虚区在下一次计算中退出计算区域,随着渗流计算区域向渗流实区逼近,结果也逼近问题的真解。

虚单元法的不足是显而易见的,每次迭代都要通过移动单元的某些节点形成自由面,尤其在迭代过程中自由面若出现上下反复振荡的现象,调整局部单元网格时容易使单元发生畸变,对三维复杂问题不适用。另外,由于单元网格的变形,高斯点位置也随之发生了变化,对单元渗透矩阵的影响是必然存在的,易产生计算收敛不稳定的现象。同时,虚单元法在处理有自由面穿越的单元时,节点移动路径的确定是比较困难的。

④ 初流量法。初流量法(又称初流速法)是张有天在 Gell 工作的基础上改进提出的方法。它引用非线性应力分析中类似于初应力的概念,通过对初流量的调整,将非线性分析转换成一系列的线性分析。它与剩余流量法的不同之处在于不需要进行自由面上的面积积分而对自由面以上的区域进行体积分,不计算水头增量而是施加初始流速修改右端项计算第 $r+1$ 次迭代的水头。每次迭代计算可采用高斯积分。为保证自由面迭代收敛,应使自由面附近的单元内每个高斯点控制的面积尽量小。

⑤ 变单元渗透系数法。党发宁提出了变单元渗透系数法的概念。变单元渗透系数法是一种真正的固定网格法,迭代计算过程中对网格不作任何改动,只是在迭代过程中改变在自由面之上单元的渗透系数,即可由程序自动求出自由面的位置。

变单元渗透系数法不同于别的固定网格法,它克服了别的固定网格法有时还需重新划分网格,迭代时需要调整自由面节点位置,增加计算工作量,容易造成单元出现奇异的缺陷。具体做法如下:

第一步,由于自由面的位置不确定,在上游水位与下游水位之间先估计出初始自由面的区域。

第二步,对全区域进行网格划分,在预估的初始自由面域内将网格划分密些。第一次渗流迭代计算时,全区域的渗透系数为给定的渗透系数。

第三步,由于自由面上的节点的水头等于其位置势,自由面以上的节点水头小于其位置势,自由面以下的节点水头大于其位置势,将自由面以上的所有节点进行标识,然后判断出在自由面之上的所有单元。

　　第四步,把位于自由面之上的单元的渗透系数改为一个很小的数。由于自由面之上的单元在第二次以后的迭代计算过程中不需要参与计算,为了让自由面以上的单元对以后的计算不产生影响,方便程序处理,可以把自由面以上的单元在迭代过程中都乘以 1.0×10^{-5} 或者更小的数,足以在计算过程中把自由面以上的单元渗流结果忽略,也就是说在计算过程中不再考虑自由面以上单元渗透的影响。

　　第五步,将本次求出的节点势与上一次迭代求出的节点势比较,即判断

$$|H_j^{i+1} - H_j^i| \leqslant \varepsilon_1 \tag{4.88}$$

式中: i ——迭代计算的次数;

　　j ——节点号;

　　ε_1 ——同一节点两次迭代计算后得到的水头值的误差,在计算精度要求较高时,可将 ε_1 取值小一些。

　　第六步,若式(4.88)不满足,则重复步骤第三步~第五步;若式(4.88)满足,则结束迭代。

　　当渗流域内所有节点均满足式(4.88)时,渗流场中所有满足下式的节点的连线即为自由面:

$$|H - Z| \leqslant \varepsilon_2 \tag{4.89}$$

　　变单元渗透系数法成功解决了移动网格存在的问题,弥补了固定网格法的不足。计算稳定性好,精度高。变单元渗透系数法的提出为有自由面渗流的数值计算提供了新的途径。

4.5.5　过水围堰堰脚淘刷风险分析

　　由于面流消能能使工程量省、施工简便、节约投资,能较合理地处理大变幅下游水位的水流衔接问题,并能兼顾排冰过坝,因此被广泛应用。但是面流消能也有其局限性,其中最主要的是对堰脚的磨损与淘刷。当冲刷水流淘刷的范围波及围堰堰脚时,会引起围堰堰脚的失稳,当冲刷水流造成的冲刷坑过大时,会引起围堰整体倾倒失稳。

1. 基于启动流速的冲刷模式判别

　　根据列维的研究成果:平均起动流速大小主要由等价粒径和水深决定。显然,等价粒径愈大平均起动流速愈大;又因为底部切应力是河床冲刷的主要因素,在相同的平均流速下,水愈浅冲刷愈深,因而临界冲刷的平均流速随水深而增大,即

$$v_c = 0.75 \sqrt{(s-1)gd} \left(\frac{h}{d}\right)^{1/6} \tag{4.90}$$

式中：s——河床颗粒比重；

　　h、d——水深和等价粒径。

在图 4.25 中，1—1 断面和 2—2 断面的能量方程为

$$\frac{v_1^2}{2g} = \frac{v_2^2}{2g} + \Delta Z + h_w \tag{4.91}$$

式中：v_1、v_2——1—1 断面及 2—2 断面的平均流速；

　　ΔZ——下游水位与上游水位之差；

　　h_w——水头损失，此处主要为冲刷消耗的能量，称为冲刷水头。

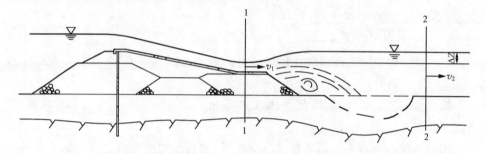

图 4.25　围堰堰脚及河床冲刷图

由式(4.91)得

$$h_w = \frac{v_1^2}{2g} - \frac{v_2^2}{2g} - \Delta Z \tag{4.92}$$

2. 堰脚淘刷风险率模型

对土石过水围堰导流系统而言，堰脚淘刷的风险主要是下游堰脚所承受的过堰水流综合作用引起的荷载超过了堰脚覆盖层极限承载能力导致的。因此，土石过水围堰堰脚淘刷风险的定义为：下游护坡堰脚处的流速超过设计条件下溢流工况所对应的临界抗冲流速的概率。其表达式为

$$p_f = p(v_{vR} > v_{vC}) \tag{4.93}$$

从土石过水围堰溢流工况设计风险定义可知，泄流系统中的不确定性主要包括水文不确定性、水力不确定性、结构不确定性和统计资料不确定性，系统的风险实际上是这几种不确定性综合作用的结果。

根据 Ang 和 Yen 的研究，只有当可靠度大于 0.999 时，概率的分布形式对结果的影响才是敏感的，因此，假设水深 h、比重 s 和等价粒径 d 都服从正态分布，其概率密度函数、分布函数、均值和方差分别为

$$f(X_i) = \frac{1}{\sqrt{2\pi} C_{X_i} X_i} \exp\left[-\frac{(X_i - \overline{X}_i)^2}{2C_{X_i}^2 \overline{X}_i^2}\right] \qquad 0 \leqslant X_i < \infty \qquad (4.94)$$

$$F(X_i) = \frac{1}{\sqrt{2\pi} C_{X_i} X_i} \int_{-\infty}^{X_i} \exp\left[-\frac{(t - \overline{X}_i)^2}{2C_{X_i}^2 \overline{X}_i^2}\right] dt \qquad (4.95)$$

$$\mu = \overline{X}_i, \quad \sigma_{X_i}^2 = C_{X_i}^2 \overline{X}_i^2 \qquad (4.96)$$

式中：X_i——表示 h、s 和 d；

$\overline{X}_i$——表示 $\overline{h}$、$\overline{s}$、$\overline{d}$；

C_{X_i}——表示 C_h、C_s、C_d。

3. 堰脚淘刷风险计算方法

从理论上讲，若已知 v_v 和 v_{vR} 的概率密度函数，并且它们相互独立，可采用积分的方法求出风险率，即

$$p_f = P(v_{vR} > v_{vC}) = \int_0^\infty \int_0^{v_{vC}} f_{v_{vC}}(v_{vC}) f_{v_{vR}}(v_{vR}) dv_{vC} dv_{vR} \qquad (4.97)$$

式中：

$$V_C = d_m^{0.25} h^{0.25} K \sqrt{\frac{\gamma_m - \gamma_w}{\gamma_w} \frac{g}{\alpha}}$$

式中：γ_m——大块石的密度，kg/m^3；

γ_w——水的密度，kg/m^3；

d_m——大块石的直径，m；

h——相应的水深，m；

K, α——修正系数，可分别取 0.9 及 1.1。

采用考虑随机变量分布类型的 Monte-Carlo 法求解堰脚淘刷风险率。用 Monte-Carlo 法求解堰脚淘刷风险率的步骤如下：

(1) 建立溢流风险率模型，如式(4.93)。

(2) 输入水文、水力原始数据、参数。

(3) 根据模型中各个随机变量的分布，在计算机上自动产生，与水深 h、比重 s 和等价粒径 d 对应的一组随机数。

(4) 将各随机变量的抽样值代入式(4.97)，若 $v_{vR} > v_{vC}$，则统计模拟成功一次。

(5) 如此反复进行大量计算，得到各随机数的容量为 N 的样本，即模拟次数为 N，若成功的次数为 N_1，则堰脚淘刷风险率为 $p_f = N_1/N$。

4.6　过水围堰混凝土护板下反滤层的可靠性分析

4.6.1　反滤层的设计

1. 反滤层的作用

溢、渗流堆石体混凝土护坡板下均设有反滤层,即过渡层。反滤层的作用主要有如下两点:

(1)找平。设置反滤层后,可获得较平整的表面,减少护面混凝土的超填量;对装配式护板,平整的反滤层表面可使护板安放稳定,有利于板与板之间接头的密合。

(2)减压。反滤层的设置可减小混凝土护板下的渗透水压力和尾水位以下的扬压力,从而减少混凝土护板抬动的危险,减少混凝土板的厚度,节省混凝土护板的混凝土用量。

2. 反滤层的设计要求

为了使反滤层的作用得到最大限度的发挥,在设计上应满足以下要求:

(1)反滤层应具有低压缩性。反滤层是混凝土护板的直接支承体,为了减少护板的位移,保证护板的抗滑稳定性,要求反滤层密实坚硬,有较大的变形模量。因此,反滤层料应用良好级配的河床砂砾料或剔除某一粗粒径以上的隧洞开挖料,或应用坚硬、新鲜的石料加工,并易于压实到较高的容重。

(2)反滤层应具有稳定性。即要求反滤层有高的抗剪强度,尤其是在饱和容重下,还要求护板与反滤层之间具有适当的摩擦系数,减小护板本身的下滑力,有利于护板的稳定。

(3)反滤层应具有比堰体更弱的透水性,并应具有自身渗透稳定性。前者是为了降低护板下的渗透压强,后者则是保证在渗流作用下不出现管涌和流土破坏。

(4)在水跃引起的脉动压力作用下,反滤层应具有良好的动力稳定性。

(5)反滤层应易于压实和坡面平整,并为混凝土板的浇筑或铺设提供坚实的表面,施工时不易分离,同时有一定的抗雨水冲刷的能力。

3. 反滤层的分层和厚度

反滤层按反滤原理设计,其总厚度一般为 0.5～1.5m,分两层或三层。

根据反滤原理,主堆石的粒径一般是反滤层料粒径的 1～4 倍。主堆石料的最大粒径一般为 600～800mm,由此可得反滤层料的最大粒径为 200～267mm。反滤层料的上下两层之间也按反滤原理设计。反滤层料的作用之一是易于整平坡面,施工时不分离,不滚落,能压实到高密度,对面板提供可靠和较均匀的支承。其相应的级配要求是连续级配,最大粒径不超过 80~100mm。

4.6.2 反滤层设计的风险

1. 反滤设计的风险模型

反滤层失稳的条件由几何条件和力学条件所组成,因此,理想的反滤保护极限状态方程应包括几何条件和力学条件,即

$$M = f(G, F) \tag{4.98}$$

式中:G——几何条件,主要指被保护土的保护颗粒和反滤料的孔径;

F——力学条件,主要指渗透坡降和水深等。

根据朱建华的研究,反滤层失稳的形式为渗透破坏,即其所承受的渗透比降大于临界渗透破坏比降。反滤层的临界渗透破坏比降 J_f 可表达为

对非管涌型反滤料有

$$J_{f1} = \frac{618 d_k}{D_{20}} - 10 \tag{4.99}$$

对管涌型反滤料有

$$J_f = \frac{1}{10} \left(\frac{618 d_k}{D_{20}} - 10 \right) \tag{4.100}$$

式中:D_{20}——反滤料下层的特征粒径,mm;

d_k——反滤料上层的控制粒径,其值随不均匀系数大小的变化而变化(mm)。令 $S = d_k / D_{20}$。

反滤料实际承受的渗透比降 J_y,如图 4.26 所示,可表达为

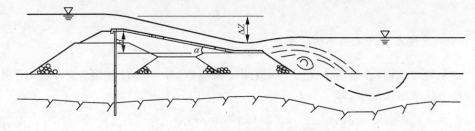

图 4.26 过水围堰的渗透比降计算示意图

$$J_y = \frac{\Delta Z}{l} = \frac{\Delta Z}{\dfrac{H}{\sin \alpha}} \tag{4.101}$$

式中:ΔZ——堰顶渗流起点对应的水面线高程与渗流渗出点对应的水面线高程之差;

　　　　l——堰顶上眉线至下游坡水面处距离；

　　　　H——l 对应的高差；

　　　　α——下游坡度。

　　根据式(4.99)、式(4.100)、式(4.101)，令

$$M = J_{\mathrm{f}} - J_{\mathrm{y}} \tag{4.102}$$

则 M 为土石过水围堰下游混凝土板护坡反滤层设计的风险率状态函数。当 $M<0$ 时，系统失效；当 $M=0$ 时，系统处于极限状态；当 $M>0$ 时，系统处于安全状态。

　　$M<0$ 时的概率称反滤层的失稳风险率，用 p_{f} 表示，即

$$p_{\mathrm{f}} = P(M<0) = P(J_{\mathrm{f}} < J_{\mathrm{y}}) \tag{4.103}$$

　　上述风险率的计算是假设在一年内，发生反滤层实际所承受的渗透比降大于其临界渗透破坏比降的概率。在实际渗流过程中，情况是不断变化的，或者 $J_{\mathrm{f}} < J_{\mathrm{y}}$，或者 $J_{\mathrm{f}} \geqslant J_{\mathrm{y}}$。因此反滤层实际所承受的渗透比降不超过其临界渗透破坏比降的概率为

$$p_{\mathrm{s}} = P(M \geqslant 0) = P(J_{\mathrm{f}} \geqslant J_{\mathrm{y}}) \tag{4.104}$$

显然

$$p_{\mathrm{f}} = 1 - p_{\mathrm{s}} \tag{4.105}$$

　　假设土石过水围堰使用期为 N 年，每年的洪水发生是相互独立的，即某年发生某一标准的洪水与其他年无关，而且也不影响其他年的洪水发生情况。因此，在围堰整个使用期的 N 年内，反滤层实际所承受的渗透比降不超过其临界渗透破坏比降的概率为

$$P_N = (p_{\mathrm{s}})^N \tag{4.106}$$

反滤层实际所承受的渗透比降大于其临界渗透破坏比降的概率为

$$p'_N = 1 - (p_{\mathrm{s}})^N \tag{4.107}$$

2. 反滤层设计风险率的计算方法

　　从理论上讲，若已知 J_{f} 和 J_{y} 的概率密度函数，并且它们相互独立，可采用积分的方法求出风险率，即

$$p_{\mathrm{f}} = P(J_{\mathrm{f}} < J_{\mathrm{y}}) = \int_0^\infty \int_0^{J_{\mathrm{f}}} f_{J_{\mathrm{f}}}(J_{\mathrm{f}}) f_{J_{\mathrm{y}}}(J_{\mathrm{y}}) \mathrm{d}J_{\mathrm{f}} \mathrm{d}J_{\mathrm{y}} \tag{4.108}$$

$f_{J_{\mathrm{f}}}(J_{\mathrm{f}})$ 和 $f_{J_{\mathrm{y}}}(J_{\mathrm{y}})$ 的形式一般较复杂，要求得解析解比较困难，因此，可采用 JC 法参照第 1 章 1.4.1 小节求解风险率。

4.7　土石过水围堰下游冲坑估计

　　土石过水围堰自由跌水时对基坑的局部冲刷会形成下游冲坑。目前冲刷深度

公式较多,它们的计算结果差别也较大,主要原因是所依据的分析理论、研究方法手段、资料来源等不同,因而得出不同的公式形式和计算结果。一般建立冲刷公式的理论基础有水力学基本原理、静力平衡理论和动力平衡理论。研究手段多采用水工模型试验或结合野外观测资料的分析。在分析方法上,考虑的冲刷因素则不尽相同,有的只考虑二元水流的上下游总的落差及流量而不计消能扩散的作用,有的不分局部冲刷与普遍冲刷而直接采用起动流速公式,甚至也有不考虑河床质的抗冲能力或较粗略地描述的。

4.7.1　常用的局部冲刷公式

1. 普遍冲刷公式

借用河道普遍冲刷公式估算局部冲深,由河道冲淤平衡时的水深与平均流速或流量之间的观测资料分析得到水面下冲深 T(即水深)与单宽流量 q 的关系式:

$$T = a\left(\frac{q^2}{f}\right)^{1/3} \tag{4.109}$$

式中:f——泥沙因子;

a——计算修正系数,用于闸坝下游局部冲刷时取 1.675~2.68。

2. 不冲流速公式

由于天然观测资料受各种条件限制而且历时很长,冲刷研究手段逐渐转到水工模型试验,从不冲流速概念出发进行二元水流冲刷试验推求冲深公式:

$$T = 1.05\frac{q}{v_c} \tag{4.110}$$

式中:v_c——水深为 T 时的河床不冲临界流速。

用不冲流速概念估算冲刷深度,其不冲流速既可从实验室的起动流速研究成果得到,也可取用天然观测的资料,仍属于普遍冲刷公式的类型,将小于建筑物下游的局部冲刷,除非式(4.110)中不冲流速值来自局部冲刷资料。

3. 基于急流扩散理论的局部冲刷公式

该方法从水力学的消能扩散理论出发,提出基本公式形式,然后以试验或观测资料加一修正系数。

结合急流发生水跃的共轭水深计算,考虑急流脱离护坦时形成上下两个对称水跃,并以第二共轭水深作为冲坑水深,如图 4.27 所示。

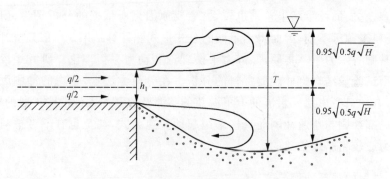

图 4.27　急流扩散冲刷公式的引导条件

考虑上下两个对称水跃时,冲坑水深为

$$T = K \sqrt{q\sqrt{H}} \tag{4.111}$$

式中:K——考虑土质情况、掺气情况和流出倾角的综合系数;

　　　H——上下游水位差。

4. 指数形式的经验公式

基于水工模型试验或观测资料加以统计分析得到经验公式形式:

$$T = Kq^{\alpha}H^{\beta} \tag{4.112}$$

式中:K——综合系数;

　　　H——水头落差;

　　　q——单宽流量。

4.7.2　冲刷公式

冲刷坑的深度取决于水舌跌入下游后的冲刷能力和河床的抗冲能力,它与单宽流量、上下游水位差、下游河床的地质条件、下游水深等因素有关。对基岩河床冲刷深度 T 的计算采用下式:

$$T = Kq^{0.5}Z^{0.25} - h_{t} \tag{4.113}$$

式中:T——冲刷深度;

　　　q——单宽流量;

　　　Z——上下游水位差;

　　　h_{t}——下游水深;

　　　K——抗冲系数,主要与河床的地质条件有关。

第 5 章　水电工程施工导流方案风险评价

施工导流贯穿于水利水电工程建设的全过程,施工导流方案包括导流程序和相应的导流建筑物等。施工导流方案的选择既影响导流工程的造价,又影响主体工程的施工安全及工期。所以在水电工程建设中,要缩短建设工期,降低建设造价,就必须做好导流规划设计,选择合理的导流方案。

施工导流方案的风险评价在施工导流工程中占有重要的地位。由于施工导流系统的复杂性,不确定性因素众多,如水文的不确定性、水力的不确定性和其他不确定性等。这些因素使得施工导流方案的风险评价变得极为复杂。因此,针对施工导流方案风险选择合适的方法作出合理的评价具有重要的工程意义和科学研究价值。本章在论述多目标决策的基本理论和方法基础上,建立基于效用理论的施工导流风险决策方法。

5.1　概　　述

多目标决策方法是从 20 世纪 70 年代中期发展起来的一种决策分析方法。决策分析是在系统规划、设计和制造等阶段为解决当前或未来可能发生的问题,在若干可选的方案中选择和决定最佳方案的一种分析过程。在社会、经济等系统的研究控制过程中所面临的系统决策问题常常是多目标的,例如在研究生产过程的组织决策时,既要考虑生产系统的产量最大,又要使产品质量好、生产成本低等。这些目标之间相互作用和相互矛盾,使决策过程相当复杂,决策者常常很难作出决策。这类具有多个目标的决策是多目标决策。

决策问题根据不同性质通常可以分为确定型、风险型(又称统计型或随机型)和不确定型三种。

(1) 确定型决策。确定型决策是研究环境条件为确定情况下的决策。如某工厂每种产品的销售量已知,研究生产哪几种产品获利最大,它的结果是确定的。确定型决策问题通常存在着一个确定的自然状态和决策者希望达到的一个确定目标(收益较大或损失较小),以及可供决策者选择的多个行动方案,并且不同的决策方案可计算出确定的收益值。这种问题可以用数学规划,包括线性规划、非线性规划、动态规划等方法求得最优解。但许多决策问题不一定要追求最优解,只要能达到满意解即可。

(2) 风险型决策。风险型决策是研究环境条件不确定,但以某种概率出现的决策。风险型决策问题通常存在着多个可以用概率事先估算出来的自然状态,以及决策者的一个确定目标和多个行动方案,并且可以计算出这些方案在不同状态下的收益值。决策准则有期望收益最大准则和期望机会损失最小准则等。

风险情况下的决策方法通常有最大可能法、损益矩阵法和决策树法三种。

最大可能法是在一组自然状态中当某个状态出现的概率比其他状态大得多,而它们相应的益损值差别又较小的情况下所采用的一种方法。此时可取该具有最大概率的自然状态而不考虑其他决策,并按确定性决策问题方法进行决策。

益损矩阵由不同的益损值组成。设有 n 种不同的自然状态,它们所出现的概率为 $p_1, p_2, \cdots, p_n$,又有 m 种不同的行动方案 $A_1, A_2, \cdots, A_m$,并且用第 i 种方案处理第 j 种状态所得到的益损值为 C_{ij},则损益矩阵为 $m \times n$ 矩阵,而第 i 种方案的益损期望值为 $E_i, i=1, 2, \cdots, m$。比较不同方案的期望值大小可选定一个较好的行动方案。比如,若决策目标是收益最大,则求 $\max(E_i)$,若决策目标是损失最小,则求 $\min(E_i)$。

决策树是按一定的决策顺序画出的树状图。以一个产品的开发为例,它有一系列的决策:是否需要进行开发,选择什么样的生产模式和规模,确定生产费用、售价及可能的销售量等,按此种决策序可画出决策树。决策者可在决策点,如对不同的开发费用赋予相应的主观概率,并对机会点,如对未来的销量用主观概率算出不同售价下的期望效用。选取期望效用最大者为该决策点的效用值,相应的决策就是这个点的最优决策。于是,由最后一个决策点逐步逆推,直到最初的决策点,就得到在诸决策点上的一串最优决策及相应的期望效用值。

(3)不确定型决策。不确定型决策是研究环境条件不确定可能出现不同的情况(事件),而情况出现的概率也无法估计的决策。这时,在特定情况下的收益是已知的,可以用收益矩阵表示。不确定型决策问题的方法有乐观法、悲观法、乐观系数法、等可能性法和后悔值法等。乐观法又称冒险主义法,是对效益矩阵先求出在每个行动方法中的各个自然状态的最大效益值,再确定这些效益值的最大值,由此确定决策方案;悲观法又称保守法,是先求出在每个方案中的各自然状态的最小效益值,再求这些效益值的最大值,由此确定决策方案;乐观系数法是乐观法乘某个乐观系数;等可能性法是在决策过程中不能肯定何种状态容易出现时都假定它们出现的概率是相等的,再按矩阵决策求;后悔值法是先求出每种自然状态在各行动方案中的最大效益值,再求出未达到理想目标的后悔值法,由此一步步确定决策方案。

决策过程的实现,一般取决于构成决策问题的 5 个关键要素:决策单元、决策情况、问题的目标、问题的属性、决策规则。

决策单元与决策者。一般说,决策者是指对问题有能力、有权威作出最终决策的人或集体;决策单元一般包括决策者及共同完成信息加工的人和机器。

目标和属性。在复杂系统问题的研究中,了解准则、目标和属性等的意义、结构、特征和它们的关系是至关重要的。准则,一般认为是判断事物曲直的标准或检验事物合理性的规则;目标,是指决策者的需求愿望,或决策者追求的方向与结果;属性,则是指反映特定目标实现程度的量化或水平。

决策情况。多目标决策问题的决策情况是指这个决策问题的结构和决策环境。它包括:需要的和有用的输入形式与数量;决策变量集和属性集以及测量尺度;决策变量与属性间的关系;方案集;环境的状态等。

决策规则。在作出最佳方案决策的过程中,对于众多可行方案,按照多目标问题的全部属性值的大小进行排序,从而按序择优。这种促使方案完全序列化的规则集,便称为决策规则。

多目标决策过程是指求解问题及作出最终决策的全部过程。其步骤是:

(1)判断系统建立、改变和诊断的需要。

(2)确定或提出问题。

(3)建立模型和估算参数。

(4)分析和评价系统方案。

(5)方案实施。

5.2　多目标决策的常用方法及相关理论

多目标决策主要有以下几种方法:

(1)化多为少法:将多目标问题化成只有一个或两个目标的问题,然后用简单的决策方法求解,最常用的是线性加权法。

(2)分层序列法:将所有目标按其重要性程度依次排序,先求出第一个最重要的目标的最优解,然后在保证前一目标最优解的前提下依次求下一目标的最优解,一直求到最后一个目标为止。

(3)直接求非劣性解法:先求出一组非劣解,然后按事先确定好的评价标准从中找出一个满意的解,主要有线性加权和改变权系数的方法。

(4)多目标线性规划法:将解线性规划的单纯形法给予适当修正后,用来解多目标线性规划问题,或将多目标线性规划问题化成单目标的线性规划问题后求解,常用的方法有逐步法(STEAM)和约束法。

(5)多属性效用法:各个目标均用表示效用程度大小的效用函数表示,通过效用函数构成多目标的综合效用函数,以此来评价各个可行方案的优劣。

(6)层次分析法:将与决策有关的元素分解成目标、准则和方案等层次,在此基础之上进行定性和定量分析。这种方法的特点是将决策者的经验判断给予量化,在目标(因素)结构复杂、且缺乏必要的数据的情况下更为实用,所以近几年来此法在我国实际应用中发展较快。这种方法的特点是在对复杂的决策问题的本质、影响因素及其内在关系等进行深入分析的基础上,利用较少的定量信息使决策的思维过程数学化,从而为多目标、多准则或无结构特性的复杂决策问题提供简便的决策方法。尤其适合于对决策结果难于直接准确计量的场合。

(7) 重排序法:把原来不好比较的非劣解通过其他办法排出其优劣次序。

(8) 多目标群决策和多目标模糊决策等。

5.2.1　熵理论

熵的应用已经涉及几乎所有学科领域,熵在自然科学的领域中留下了深深的印记,并已写入了普通物理学的教科书中。Wiener 说:"17 和 18 世纪是钟表的时代,18 世纪末和 19 世纪是蒸汽机的时代,现在是通信控制的时代。"熵理论是沟通社会科学研究和自然科学研究之间的桥梁,以往存在于两者之间的鸿沟,将会由于熵理论的建立得到弥合。

1. 熵理论的发展

熵这个概念最初是从平衡态热力学中总结出来的。平衡态熵理论阶段主要是建立了科学意义上的熵概念和熵增原理,从不同角度由多个学者作了独立的表述,从而增加了熵理论的内容。

"熵"这个词是 Clausius 首创的。1850 年,Clausius 先将 $\int \dfrac{\mathrm{d}Q}{T}$ 称为转变的等值量,后又改称为相关量,最后(1854 年)才称为"熵",将它表述为热量与绝对温度变化的比。他证明了当能量密集程度的差异减少时,这种确定关系在数值上是增加的。他看到了热力学两个定律的同一性与差异性,将二者加以综合,表达了熵的物理意义,给出了他认为是最简单而又是最一般的数学表达式:

$$\int \frac{\mathrm{d}Q}{T} \leqslant S - S_0 \tag{5.1}$$

称这样定义的熵为"转变含量",建议根据希腊文"转变"一词写成与德文 Energie(能)很相似的 Entropie(熵)。

可以证明,熵变与热能的不可用程度成正比。系统内部进行的不可逆过程总是伴随着熵的增加,熵增意味着系统的能量从数量上讲虽然不灭,但"质量"却越来越坏,越来越不中用,转变成功的可能性越来越低,不可用程度越来越高,即所谓能量消耗了。可见,熵是能量可用程度的量度,熵增加标志宏观能量在质方面的耗散。

Clausius 与 Thomson 都把熵作为热力学系统的状态参量。对熵概念的物理意义作出微观解释的是 Boltzmann。他的贡献在于推导出熵的"力学"解释。1872

年,Boltzmann 从分子运动论的角度推导了各个热力学公式,对熵增加定理作出了统计描述,揭示了它的基本物理内容。1877 年或许更早,他建立了熵与微观粒子微观状态数目 W 之间的联系,一个微观粒子演变原理诞生了:

$$S = k\ln W \tag{5.2}$$

式中: k——Boltzmann 常数;

　　　W——宏观态对应的微观态数目,又叫热力学几率。

　　式(5.2)揭示了熵在不可逆过程中增加的本质,是宏观过程总是自发地向着热力学几率大或微观态数目多的方向进行。熵值越大,微观数目越多,对应的宏观态越无序。因此,熵是系统状态混乱需求或无序程度的度量。

　　几乎同时,Gibbs 提出了自由能的概念。实际上,Gibbs 早就提倡熵的概率解释,他在 1902 年出版的书中证明了几率分布指数的平均值与熵之间有极大的相似性,熵被想象为一个概念,使统计方法达到了系统而完整。因为把熵看作系统状态实现的可能性,从而他们用微观说明和数学证明给出了热力学第二定律的统计基础。

　　19 世纪末,经过诸多有才华的物理学家的共同努力,熵理论的表述形式以及它所包含的科学内容不断地增加。虽然怀疑其正确性的大有人在,但至今仍未动摇它在整个科学体系中的地位。

　　20 世纪 20 年代,熵理论冲破了平衡态的局限,推进到非平衡态。在 Onsager 发现的倒易关系和 Prigogine 发现的最小熵产生定理的基础上,发展到非线性非平衡态。这是熵理论发展史上的第二个阶段。

　　平衡态的熵描述到非平衡态,一个首要困难是如何描述一个热力状态。若抛弃已有的态变量及它们之间所满足的关系,原有的结果就失去了意义。这一困难因 Prigogine 引入"局域平衡假设"而解决。1945 年,他发现了最小熵产生原理这一线性非平衡的理论基石。

　　偶然性的观念和随机统计方法引入物理学之后,对掌握熵的本质起了重要的作用,而这种认识也成为信息论中信息熵概念的前提,这是熵概念的第三条思路。信息熵比前述熵概念的含义广又具有普遍性意义。因此信息熵是一种广义熵理论。

　　1948 年 Wiener 和 Shannon 将前人的成果予以总结,强调了"信息量"这个概念。尤其是后者的文章超出了以往的研究范围,阐述了许多重要定理,把信息熵与统计力学熵概念相联系,把信息定理看作热力学第二定律在通信理论中的特殊形式,使信息熵成为信息论的一个正统的分支。现代信息论基本上仍是围绕着他的思路。

　　Shannon 当时突破"信息量"这一关键概念时的思路是:"能否定义一个量,这个量在某种意义上能度量某过程所'产生'的信息是多少? 或者更理想一点,所产生的信息速率是多少?"他把信息量作为信息论的中心概念,在这样思想指导下,他用 Markov 过程的统计特征,即它的"熵"来表征信源的特性,给出了信息熵公式,并用信息熵公式来表述选择和不确定性与随机事件的连带关系,一举解决了定量描述信息的难题。

经过几十年的时间,信息熵仍在不断发展中,它不仅被应用于几乎所有学科,而且提出了将信息的量与质统一量度的理论和将概率熵概念移植到模糊集合上而定义非概率的模糊熵。特别是近 20 年来系统科学的蓬勃发展,对熵理论的重视也达到了前所未有的程度。

2. 信息熵

随着熵理论在各门科学技术中的推广、应用和深入研究,熵概念在 20 世纪中叶又得到进一步的发展。1948 年,Shannon 从全新的角度上对熵概念做了新定义。Shannon 定义了一个对离散信息源"产生"的信息量进行度量的公式:

$$H = -K \sum_{i=1}^{n} P_i \log_2 P_i \tag{5.3}$$

式中: H ——Boltzmann 的 H 定理中的 H,移用到此就是概率集 $P_1, \cdots, P_n$ 的熵。
　　　　这里, H 的值是用二进位表示的信息的不确定程度。

这样,"信息"就与熵产生了联系。Shannon 将熵概念引进了信息论中,赋予熵广义的概念,开拓了人类知识新的应用领域。

1) 离散型分布的熵

熵的增加,意味着信息的丢失。一个系统有序程度越高,则熵就越小,所含的信息量就越大;反之,无序程度越高,熵就越大,信息量就越小。信息和熵是互补的,信息就是负熵。所以用来表示信息熵的公式和热力学熵公式有一区别,在信息熵公式中有负号,而热力学中没有。这一点恰恰表明,它与热力学公式所代表的方向相反,不是刻画系统无序状态,而是表示系统有序程度,表示系统获得信息后,无序状态的减少或消除,即消除不定性的大小。例如,做一个实验,有多种可能结果:成功、失败、部分成功、部分失败等。在未得知结果前,思想上处于一种不确定的、无序的混乱状态。当得知成功的消息后,思想上的不定度(无序状态)也就消除了。

信息量是信息论的核心概念。信息论是量度信息的基本出发点,是把获得的信息看作用以消除不确定性的东西。因此,信息数量的大小,可以用被消除的不确定性的多少来表示,而随机事件不确定性的大小可以用概率分布函数来描述。

考虑一个随机实验 A(随机事件),设它有 n 个可能的结局: a_1, a_2, $\cdots$, a_n,每一结局出现的概率分别是 P_1, P_2, $\cdots$, P_n。它们满足以下条件:

$$0 \leqslant P_i \leqslant 1 (i = 1, 2, \cdots, n), \sum_{i=1}^{n} P_i = 1 \tag{5.4}$$

对于随机事件,当进行和这些事件有关的多次实验时,它们的出现与否具有一定的不确定性。概率实验先验地含有的这个不确定性,本质上是和该实验可能结局的概率分布有关。为了量度概率实验 A 先验地含有的不确定性,Shannon 引入函数

$$H_n = H(P_1, P_2, \cdots, P_n) = -k \sum_{i=1}^{n} P_i \ln P_i \qquad (5.5)$$

作为随机实验 A 实验结果不确定性的量度,式中 k 是一个大于零的恒量,因此,$H_n \geqslant 0$。量 H_n 叫做信息熵或者 Shannon 熵。它具有这样的意义,在实验进行之前,它是实验结果不确定性的量度;在实验完成之后,是从实验中所得到的信息的量度(信息量)。事实上,在实验 A 中如果任何一个 P_i 等于 1,而其余的都等于零,则 $H_n = 0$,因为这时我们可以对实验结果做出决定性的预言,而不存在任何不确定性;反之,如果事先对实验结果一无所知,则所有的 P_i 相等,这是 H_n 达到极大值:

$$(H_n)_{\max} = k \ln n \qquad (5.6)$$

上面定义的信息熵是一个独立于热力学熵的概念,但具有热力学熵的基本性质(单值性、可加性和极值性),且与热力学熵相比,信息熵具有更为广泛和普遍的意义,因此又称为广义熵。

2) 连续型分布的熵

设信息源 x 和 y 发送信号 x 和 y 具有连续分布的密度函数 $p(x)$ 和 $q(y)$,联合密度函数为 $f(x, y)$,则熵值

$$H(x) = -\int_{-\infty}^{\infty} p(x) \log p(x) \mathrm{d}x \qquad (5.7)$$

$$H(y) = -\int_{-\infty}^{\infty} q(y) \log q(y) \mathrm{d}y \qquad (5.8)$$

分别称为信息源 x 和 y 的信息熵。它们表示其不确定性——信息量。相应的联合熵为

$$H(xy) = -\iint f(x, y) \log f(x, y) \mathrm{d}x \mathrm{d}y \qquad (5.9)$$

条件熵为

$$H_x(y) = H(y/x) = -\iint f(x, y) \log \frac{f(x, y)}{p(x)} \mathrm{d}x \mathrm{d}y \qquad (5.10)$$

$$H_y(x) = H(x/y) = -\iint f(x, y) \log \frac{f(x, y)}{q(y)} \mathrm{d}x \mathrm{d}y \qquad (5.11)$$

它们具有如下性质:

(1) 当 x 在有限集合 S 中均匀分布时的熵最大。例如,$p(x)$ 是在 $[a, b] \in R$ 上的均匀分布,此时熵达到最大值 $\log(b - a)$。

（2）对于密度函数 $p(x)$，当 $x \leqslant 0$ 时 $p(x)$ 为 0，且均值为 a，则指数分布

$$p(x) = \frac{1}{a} e^{-x/a} \tag{5.12}$$

达到最大熵为 $\ln a$。

5.2.2 效用理论

效用的概念是丹尼尔·贝努利（Daniel Bernoulli）在解释其表兄尼古拉斯·贝努利（Nicolas Bernoulli）的圣彼得堡悖论（St. Petersburg Paradox）时提出的。丹尼尔·贝努利提出关于效用理论的两条原则：第一条原则是边际效用递减原则。一个人对于财富的占有多多益善，即效用函数一阶导数大于零；随着财富的增加，满足程度的增加速度不断下降，效用函数二阶导数小于零。第二条原则是最大效用原则。在风险和不确定条件下，个人的决策行为准则是为了获得最大期望效用值而非最大期望货币金额。

1. 决策者效用函数的构造

决策问题的特点是自然状态不确定（以概率表示）、后果价值待定（以效用度量）。由于金钱具有边际价值，在进行决策分析时，存在如何描述（表达）后果的实际价值，以便反映决策者偏好次序的问题，偏好次序是决策者的个性与价值观的反映。求解一个实际的多目标决策问题通常包括下列步骤：

（1）构造决策问题，为多目标决策提供可能的方案并标定目标。

（2）确定各种决策可能的后果并设定各种后果发生的概率。

（3）确定各种后果对决策人的实际价值，即确定决策人对后果的偏好。

（4）对备选方案进行评价和比较，这一步的目的是在以上三步的基础上选择决策人最满意的决策方案。对一般的决策问题，评价方案优劣的依据是根据效用理论计算各种后果的效用进而计算各方案的期望效用，选择期望效用最大的方案；也可以根据决策问题的特点，选择进行多目标决策评价。

2. 风险态度与效用的关系

为了用定量化的方法研究多目标决策问题，除了用概率量化决策后果的不确定性以外，还需要量化后果的价值。而在定量评价可能的行动的各种后果时，会遇到两个主要问题，一是后果本身是用语言描述的，没有合适的直接测量标度；二是即使有一个明确的标度（货币或价值）可以测量后果，按这个标度测得的量可能并不反映后果对决策人的真实价值，因为后果的价值因人而异，因时而异。这表明在进行决策分析时，存在如何描述或表达后果对决策人的实际价值，以便反映决策人心目中对各种后果的风险偏好和时间偏好。

　　由于决策者的价值观不同,对待不确定性后果的态度不同,因此需要研究效用函数与决策者的风险态度之间的关系,一般决策者有三种风险态度:风险厌恶 A、风险中立 N 和风险追求 P。图 5.1 所示为效用函数与风险态度的示意图。

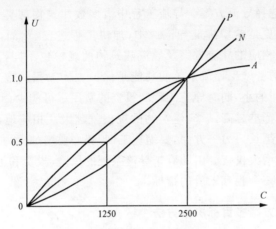

图 5.1　效用函数与风险态度示意图

5.3　导流方案选择综合评价方法

　　施工导流方案决策的核心问题之一是导流标准决策。在水电工程建设中,我们最关心的就是工程的投资和建设工期,人们总希望在失事风险可接受条件下,用最少的投资,在最短的工期内使工程投入使用,尽早获得效益。在导流工程中大多数建筑物都是临时建筑物,当导流标准不同时,相应的导流方案及导流建筑物的规模也不同,则有不同的工程投资和建设工期,同样,其风险也不相同。一般来说,风险越小,导流标准越高,导流建筑物规模越大,相应的投资费用越大,建设工期也越长。另一方面,要缩短工期,必然要增大施工强度,所以势必会增大投资。因此,风险率、投资费用和工期是矛盾的三个目标,施工导流标准的决策过程是一个多目标决策过程。

　　施工导流方案是施工总体方案中的关键组成部分,它与枢纽布局、大坝类型、施工总进度、施工期通航、施工期蓄水、泄水等紧密相关,必须进行多方面的比较、论证,并辅以必要的水工模型试验或计算机模拟研究,才能优选出合理的方案。而且每个水电工程都有其特点,再加上涉及的影响因素众多,决策施工导流方案是一个较为复杂的问题。

5.3.1　评价指标体系

　　在水利水电工程建设中,人们首先关心的是工程投资问题,希望以最小的投资去创造相同的或者更多的价值;其次,关心的是建设工期,希望尽快地完工,使工程早日产生效益;同时,由于导流系统中所固有的风险,人们还关心工程建设中所冒的风险究竟有多大。所以,可以以造价低、工期短、各导流阶段遭遇的风险可以接受等三个指标来选择导流方案。导流工程中大多数建筑物都具有临时性,在进行导流设计时,人们更是希望降低导流成本,加快工程进度,然而,由于各导流标准(导流流量)不同,相应的导流方案及导流建筑物的规模也不同,其投资、建设工期和施工风险也不同。施工导流系统的功能是保护主体工程的施工,因此人们总希望所冒风险尽可能的小,同时导流工程所投资的费用尽可能少。一般说来,导流风险越小,要求导流标准越高,导流建筑物的规模就越大。相应地,工程投资费用就越大,建设工期也越长。另一方面,要缩短工期,势必要增加人力、物力、财力,增大施工强度,势必会增大投资。由此看来导流系统的风险、投资和工期不可能同时达到最优值,它们是三个相互矛盾的指标。

5.3.2　施工导流方案多目标决策方法

求解多目标决策问题的方法很多,但是没有一种方法可以完全适用所有情况。而且,对于特定的决策问题,采用不同的方法求解往往得到不同的结果。因此,可以用多种方法求解,并综合比较所得到的各种结果,以获得方案排序。下面对常用的多目标决策方法:层次分析法、改进层次分析法、逼近理想解的排序方法和熵权决策法等多目标决策方法进行简单介绍。

1. 层次分析法

层次分析法(analytic hierarchy process,AHP)是美国运筹学家沙旦(Saaty)于 20 世纪 70 年代提出的,是一种定性与定量分析相结合的多目标决策分析方法,它把目标体系结构予以展开,求得目标与决策方案的计量关系。这种方法特别将决策者的经验判断给予量化,在目标(因素)结构复杂、且缺乏必要的数据情况下更为实用,所以近几年来此法在我国应用中发展较快。

根据对导流方案系统的分析,施工导流方案决策层次结构由目标层、准则层和方案层三层组成。层次分析法的求解步骤如下:

(1) 由决策者构造矩阵 A。

(2) 用特征向量法求 $\lambda_{\max}$ 和权重 w。

(3) 矩阵 A 的一致性检验。若最大特征值 $\lambda_{\max}$ 大于给定的同阶矩阵相应的 $\lambda'_{\max}$ 时不能通过一致性检验,应该重新设计矩阵 A,直到 $\lambda_{\max}$ 小于 $\lambda'_{\max}$,通过一致性检验时,求得的权重 w 有效。

(4) 方案排序。各备选方案的各目标下属性值已知,根据指标 $C_i = \sum_{j=1}^{n} w_j z_{ij}$

的大小排出方案 i（$i = 1, 2, \cdots, m$）的优劣。

2. 改进层次分析法

改进层次分析法（IAHP）是在层次分析法基础上改进得到的。该方法不受 $1 \sim 9$ 标度的限制，采用 -1、0、1 三个标度，能使决策者更容易作出比较判断，避免不易确定标度的臆断性。该方法先采用自调节方式建立判断矩阵，通过最优传递矩阵概念将其转化成一致性矩阵，不需要进行一致性检验，使之自然满足一致性要求，直接求得方案决策各个目标的权重进行多目标决策分析。该方法可以减少在进行导流方案决策中目标权重的计算工作量和盲目性。

（1）根据专家调查和综合评价方法形成的指标重要程度排序，可以建立各评价指标之间的重要程序判断矩阵 $\boldsymbol{C}$：

$$\boldsymbol{C} = \begin{bmatrix} C_{11} & C_{12} & \cdots & C_{1m} \\ C_{21} & C_{22} & \cdots & C_{2m} \\ \vdots & \vdots & & \vdots \\ C_{m1} & C_{m2} & \cdots & C_{mm} \end{bmatrix} \tag{5.13}$$

式中：

$$C_{ij} = \begin{cases} -1 & i \text{ 指标劣于 } j \text{ 指标} \\ 0 & i、j \text{ 指标优劣相同} \\ 1 & i \text{ 指标优于 } j \text{ 指标} \end{cases}$$

（2）在判断矩阵的基础上建立最优传递矩阵：

$$\boldsymbol{O} = \{o_{ij}\}_{m \times n} \tag{5.14}$$

（3）采用方根法确定各指标的权重：

$$W_i = \frac{\sqrt[m]{\Pi a_{ij}}}{\sum_{i=1}^{m} \sqrt[m]{\Pi a_{ij}}} \tag{5.15}$$

式中：$a_{ij} = e^{o_{ij}}$。

求得各指标的权重向量 $w = (w_1, w_2, \cdots, w_m)$。

（4）方案排序。各备选方案的各目标下属性值已知，根据指标 $C_i = \sum_{j=1}^{n} w_j z_{ij}$ 的大小排出方案 i（$i = 1, 2, \cdots, m$）的优劣。

3. 逼近理想解的排序方法（TOPSIS）

TOPSIS 是借助多目标问题的理想解和负理想解给出方案集中各方案排序。理想解是一个方案集中并不存在的虚拟的最佳方案，它的每个属性值都是决策矩阵中该属性的最优值；而负理想解则是虚拟的最差方案，它的每个属性值都是决策矩阵中该属性的最差值。用理想解求解多目标决策问题的概念简单，只要在属性空间定义适当的距离测度就能计算出备选方案的理想解。

TOPSIS 法所用的是欧氏距离,具体算法如下:

设由 n 个指标来评价 m 个可行(或待决策)的导流标准,设第 i 个导流标准的第 j 个指标的特征值为 c_{ij},则对于所有可行的导流标准,其评价指标特征矩阵:

$$C = \begin{bmatrix} c_{11} & c_{12} & \cdots & c_{1n} \\ c_{21} & c_{22} & \cdots & c_{2n} \\ \vdots & \vdots & & \vdots \\ c_{m1} & c_{m2} & \cdots & c_{mn} \end{bmatrix} = (c_{ij})_{m \times n} \qquad (5.16)$$

在构造特征矩阵 C 时,决策者对评价指标的估计很难精确测定。为了便于计算和优选分析,利用模糊数学中的隶属度作标准化处理,可以消除指标间由于量纲不同带来的比较上的困难。假设备选导流标准 i、评价指标 j 的隶属度为 r_{ij},对于目标为越大越好(如效益型)有

$$r_{ij} = \frac{c_{ij} - \min_i c_{ij}}{\max_i c_{ij} - \min_i c_{ij}} \qquad (5.17)$$

对于目标为越小越好(如成本型)有:

$$r_{ij} = \frac{\max_i c_{ij} - c_{ij}}{\max_i c_{ij} - \min_i c_{ij}} \qquad (5.18)$$

标准化方法有很多,也可采用下式的标准化方法:

$$\begin{cases} r_{ij} = \dfrac{c_{ij}}{\sum\limits_{i=1}^{m} c_{ij}}, \text{对于目标越大越好} \\[4mm] r_{ij} = \dfrac{1}{m-1}\left(1 - \dfrac{c_{ij}}{\sum\limits_{i=1}^{m} c_{ij}}\right), \text{对于目标越小越好} \end{cases} \qquad (5.19)$$

根据式(5.17)和式(5.18)或式(5.19)可以得到标准化处理后的隶属度矩阵 R 为

$$R = \begin{bmatrix} r_{11} & r_{12} & \cdots & r_{1n} \\ r_{21} & r_{22} & \cdots & r_{2n} \\ \vdots & \vdots & & \vdots \\ r_{m1} & r_{m2} & \cdots & r_{mn} \end{bmatrix} = (r_{ij})_{m \times n} \qquad (5.20)$$

$\boldsymbol{\Phi} = (\varphi_1, \varphi_2, \cdots, \varphi_n) = (\bigcup\limits_{i=1}^{m} r_{i1}, \bigcup\limits_{i=1}^{m} r_{i2}, \cdots, \bigcup\limits_{i=1}^{m} r_{in})$,称 $\boldsymbol{\Phi}$ 为正理想隶属度特征向量。

$\boldsymbol{\Psi} = (\psi_1, \psi_2, \cdots, \psi_n) = (\bigcap\limits_{i=1}^{m} r_{i1}, \bigcap\limits_{i=1}^{m} r_{i2}, \cdots, \bigcap\limits_{i=1}^{m} r_{in})$,称 $\boldsymbol{\Psi}$ 为负理想隶属度特征向量。

设导流方案决策指标的权重为 $\omega_1, \omega_2, \cdots, \omega_n$,对于导流方案 i,设 $\mu_i(v_i)$ 为从

属于正(负)理想隶属特征向量的隶属度,则有

$$D^{(1)}(R_i,\Phi) = \mu_i \sqrt{\sum_{j=1}^{n} \omega_j (\varphi_j - r_{ij})^2} \; ; D^{(2)}(R_i,\Psi) = v_i \sqrt{\sum_{j=1}^{n} \omega_j (\psi_j - r_{ij})^2}$$

分别称 $D^{(1)}(R_i,\Phi)$、$D^{(2)}(R_i,\Psi)$ 为导流方案 i 的正理想度和负理想度。

为了求得最优解,按最小二乘法优选准则,对所有导流方案使 $D^{(1)}(R_i,\Phi)$、$D^{(2)}(R_i,\Psi)$ 的广义距离平方和最小。根据这一优选准则,建立目标函数:

$$\min Z = \sum_{i=1}^{m} \{ [D^{(1)}(R_i,\Phi)]^2 + [D^{(2)}(R_i,\Psi)]^2 \} \tag{5.21}$$

令 $\dfrac{\partial Z}{\partial \mu_i} = 0, (i = 1, 2, \cdots, m)$,计算整理后有

$$\mu_i = \frac{\displaystyle\sum_{j=1}^{n} \omega_j (\psi_j - r_{ij})^2}{\displaystyle\sum_{j=1}^{n} \omega_j (\varphi_j - r_{ij})^2 + \sum_{j=1}^{n} \omega_j (\psi_j - r_{ij})^2} \tag{5.22}$$

对所有导流方案,按式(5.22)计算,以正隶属度极大原则,择优导流方案使决策者获得最大的满意度,即

$$\mu_{\text{opt}} = \mu_k = \max_{1 \leqslant i \leqslant m} \{ \mu_i \} \tag{5.23}$$

4. 熵权决策法

1) 熵权

无论是项目评估还是多目标决策,人们常常要考虑每个评价指标(或各目标、属性)的相对重要程度。表示重要程度最直接和简便的方法是给各指标赋予权重(权系数)。

人们在决策中获得信息的多少和质量,是决策的精度和可靠性大小的决定因素之一。而熵在应用于不同决策过程中的评价或案例的效果评价中是一个很理想的尺度。

在有 n 个评价指标、m 个被评价对象的评估问题中,第 i 个评价指标的熵定义为

$$H_j = -k \sum_{i=1}^{m} f_{ij} \ln f_{ij} \tag{5.24}$$

式中:$f_{ij} = \dfrac{r_{ij}}{\displaystyle\sum_{i=1}^{m} r_{ij}}$;$k = \dfrac{1}{\ln m}$;$H_j \geqslant 0, k \geqslant 0$。

设第 j 项评价指标的熵权 w_j 为

$$w_j = \frac{1 - H_j}{n - \displaystyle\sum_{j=1}^{n} H_j} \tag{5.25}$$

由上述定义以及熵函数的性质可以得到熵权的性质如下：

（1）各被评价对象在指标 j 上的值完全相同时，熵值达到最大值 1，熵权为零。这也意味着该指标向决策者未提供任何有用信息，该指标可以考虑取消。

（2）当各被评价对象在指标 j 上的值相差越大、熵值越小、熵权较大时，说明该指标向决策者提供了有用的信息。同时还说明在该问题中，各对象在该指标上有明显差异，应重点考察。

（3）指标的熵越大，其熵权越小，该指标越不重要，而且满足：

$$0 \leqslant w_j \leqslant 1 \text{ 和} \sum_{j=1}^{n} w_j = 1 \qquad (5.26)$$

（4）作为权数的熵权，有其特殊意义。它并不是在决策或评估问题中某指标的实际意义上的重要性系数，而是在给定被评价对象集合后各种评价指标值确定的情况下，各指标在竞争意义上的相对激烈程度的测度。

（5）从信息角度考虑，它代表该指标在该问题中，提供有用信息量的多寡程度。

（6）熵权的大小与被评价对象有直接关系。

当评价对象确定以后，再根据熵权对评价指标进行调整、增减，以利于做出更精确、可靠的评价。同时也可以利用熵权对某些指标评价值的精度进行调整，必要时，重新确定评价值和精度。

2）熵权决策

在一般多目标决策问题基础上，加入熵权的综合权重，即可按照多目标决策模型进行决策分析。

5. 其他方法

前面介绍的求解多目标决策问题的方法，包括层次分析法、改进层次分析法以及逼近理想解的排序方法（TOPSIS）等，都需要较多的方案信息，需要事先给出决策矩阵，即需要给出每个备选方案的各属性的数值。但在很多实际问题中，总有一些属性很难量化，这时就不能给出决策矩阵，决策者只能给出每个目标下各方案的优劣次序。对于这类问题，基于估计相对位置的方案排队法是一种较好的方法。此方法的优点在于采用序数信息判断方案间的优劣，要求的信息较少；与此同时，因为没有决策矩阵中的基数信息，所以不能反映方案集中各方案在各自目标下的优先程度，评价的可靠性欠佳。因此，属性值均能定量表示、能给出决策矩阵的多目标决策，不宜采用这种方法。

ELECTRE(elimination et choice translating reality)法由法国人 Roy 首先提出，与其他多目标决策问题求解方法力图建立可行方案集上的完全序不同，ELECTRE 法所构建的是一种较弱的次序关系。以往其他多目标决策问题求解方法大都以各属性值的定量计算为基础,这种定量计算的本质是基数性质的效用函数的运算,并设法根据这种计算的结果建立方案集的完全序;ELECTRE 法一改上述思路,以属性间的优先序为基础建立"级别高于"关系。因此,其优点在于决策者很容易理解决策原理,并在决策过程中承担相应的责任,步骤虽多,但是计算并不复杂且可以程序化;缺点在于对决策矩阵所提供的信息利用不够充分,但是比基于相对位置的方案排队法要强。

上述的多目标决策方法:层次分析法、改进层次分析法、逼近理想解的排序方法、基于估计相对位置的方案排队法以及 ELECTRE 法等都各有优点与缺点。下面给出衡量多目标决策问题求解方法优劣的标准,这些标准应当包括:

(1) 基础数据统一获得,允许使用定性属性。进行多目标决策和评价的一般流程是根据实际问题的需要建立决策模型,在建立模型时很重要的任务是确定目标的层次结构,然后根据层次结构确定属性集;再根据属性集采集基础数据,选用适当的方法进行评价。因此,使用多目标决策方法所需要的基础数据应该容易获得并允许使用定性属性。

(2) 对权重的敏感性低。求解多目标决策问题时必须对各目标的重要性加以权衡,决策者对目标的重要性这种价值判断是决策者能够明确感知却难以准确量化的,如果某种多目标决策方法对权重的敏感性太高,则评价结果的可靠性反而无法保证。好的决策方法应当使决策者比较容易提供必要的信息,应该对权重的变化敏感性较小。

(3) 方案独立性。在实际的多目标决策过程中生成备选方案集时,经常由于某种原因增加或删除某个或某些方案,如果删除某个方案甚至是最劣的方案都会影响最终的评价结果,这显然是不合适的多目标决策方法。

(4) 属性值的标度无关性。有许多属性可以用不同的标度来度量,用任何数据处理方法及多目标决策方法求解的结果都应该与度量属性所使用的标度无关。

(5) 有定量的评价结果,为了使决策者能够在各备选方案中作选择时对它们的优劣有定量的评价依据,所使用的方法最好能提供定量的评价结果。

(6) 计算方便且容易理解。

根据各种多目标决策问题求解方法的特点并按照上述各条评价标准衡量,可以确定各种方法的大致使用范围。结合面临的实际多目标决策问题的特点以及各种方法的大致使用范围,就可以选择适当的求解方法。

5.3.3　效用决策方法

日常生活中人们常常需要在面对风险或不确定的环境下作决策,例如购买金融产品、出门是否带雨伞或购买保险等。探讨在风险或不确定情况下的决策行为时,由于事件的结果有各种不同的概率,因此可以将事件以彩票的形式来表达。早

期的理论研究认为,个人在面临风险或不确定情况下的决策行为是以期望值假说
(expected value hypothesis)为决策依据,即个人对于风险的预期等于该事件的期
望值,也就是个人的决策标准是以事件的期望值为基础的。但是这个假说在对预
测的个人的决策行为与他的实际决策行为进行比较时,常会产生不一致的现象,其
中最著名的是圣彼得堡悖论。1738 年丹尼尔·贝努利为解决圣彼得堡悖论而提
出期望效用理论(expected utility theory,EU),这个理论所陈述的是:个人的决策
行为是抽彩的期望效用而不是其货币金额的期望值。期望效用理论为个人决策行
为的预测提供一套很好的理论,1944 年 Neumann 和 Morgenstern 为期望效用理
论建立完整的公理(axioms)体系,从而更加奠定了期望效用理论在个人决策分析
上的地位。

1. 费用的效用函数类型

构造出的费用货币型后果即货币 x 的效用函数 $u(x)$ 具有以下一些基本性质:
(1) 单调递增且有界。
(2) 货币数目较少时,效用函数近乎线性。

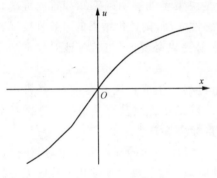

(3) $x>0$ 时 $u(x)$ 通常是凹的,造成效
用是凹函数的原因主要是,货币有递减的
边际效应和决策者通常是风险厌恶的。
(4) 货币对决策者的效用函数通常是
随着诸多因素的改变而变化的。
货币的效用曲线如图 5.2 所示的原因
如下:
(1) 价值函数是 S 型。
(2) 在一定范围内相对风险态度不变。
(3) 负债到一定程度以上有冒险倾向。

图 5.2　货币的效用曲线

Friedmann-Savage 在 1948 年研究出的货币效用曲线如图 5.3 所示。

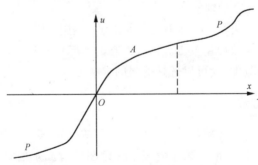

图 5.3　Friedmann-Savage 货币的效用曲线

A 段表示风险追求;P 段表示风险厌恶

2. 费用效用函数的构造

施工期导流标准选择的关键不仅仅在于其导流系统综合风险的大小,更在于其相应的风险损失费用与风险效益之间的相互约束关系。风险损失费用 C 是一个不确定量,主要由基坑损失、主体工程损失以及发电损失组成。如果导流建筑物没有失事,则风险损失为零;如果工程失事,视其损失的规模大小,破坏的程度、范围,其费用损失不尽一致。对于水利水电工程而言,失事造成的损失有时不仅是经济上的,还可能给社会造成深远的负面影响,因此在确定水利水电工程导流标准时,决策者的风险态度非常谨慎,是风险厌恶的,在不同的施工导流阶段同样的风险损失费用 C 所表现出来的实际后果却截然不同,即面对同样风险损失时决策者表现的态度是由较弱的风险厌恶向较强的风险厌恶转变,效用理论中称为:递增风险厌恶。通过效用函数 $u(x)$ 将效用损失 $C' = u(C)$ 引入到施工期导流风险分配机制的设计中,递增风险厌恶效用函数趋势如图 5.4 所示,假定其效用函数为

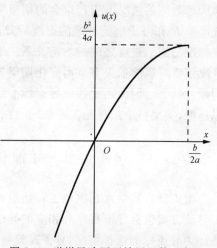

图 5.4　递增风险厌恶效用函数示意图

$$u(x) = -ax^2 + bx + c \ (x < \frac{b}{2a}) \tag{5.27}$$

假定的效用函数中含有 3 个待定系数,这些系数一般可使用 $n-m$ 个效用点测定的结果联立求解,具体方法如下:

设决策者采用赌术的确定当量(certain equivalence)法,已经测定了集合 X 中 m 个点的效用,即已经在集合 X 中构造了 m 个二元抽彩:

$$[y_i, R_i, z_i] i = 1, 2, \cdots, m \tag{5.28}$$

m 个二元抽彩通过无差异关系:

$$x_i \sim [y_i, R_i, z_i] i = 1, 2, \cdots, m \tag{5.29}$$

对 m 个无差异点进行评定,即对每个评定点有

$$u(x) = (1-R)u(y) + Ru(z) \tag{5.30}$$

效用函数在理论上应该满足上面 m 次评定的定量约束,对 m 个评定点有

$$\begin{cases} u(x_1; \lambda_1, \lambda_2, \cdots, \lambda_m) = (1-R_1)u(y_1; \lambda_1, \lambda_2, \cdots, \lambda_m) + R_1 u(z_1; \lambda_1, \lambda_2, \cdots, \lambda_m) \\ u(x_2; \lambda_1, \lambda_2, \cdots, \lambda_m) = (1-R_2)u(y_2; \lambda_1, \lambda_2, \cdots, \lambda_m) + R_2 u(z_2; \lambda_1, \lambda_2, \cdots, \lambda_m) \\ \quad \cdots\cdots \\ u(x_m; \lambda_1, \lambda_2, \cdots, \lambda_m) = (1-R_m)u(y_m; \lambda_1, \lambda_2, \cdots, \lambda_m) + R_m u(z_m; \lambda_1, \lambda_2, \cdots, \lambda_m) \end{cases}$$

$$\tag{5.31}$$

　　由效用相等原则可知其理想状态边界条件：

$$u(x_i) = \lambda, i = 1, 2, 3, \cdots, m \qquad (5.32)$$

由此可以解出效用函数中的待定系数，从而唯一确定该问题的效用函数。水利水电工程中假定理想状态边界条件 $\lambda = -1$ 确定其效用函数 $u(x)$ 系数，同时在确定风险损失费用 C 的基础上得到效用损失 $C' = u(C)$，则期望效用损失为

$$E(C) = C'R \qquad (5.33)$$

　　期望效用损失 $E(C)$ 是在给定置信水平下，在一定时间区间内，考虑决策者风险厌恶效用的情况下资产组合的期望平均损失。期望效用损失是综合施工导流系统风险 R 和考虑决策者风险态度后效用损失的函数，可以用来衡量导流系统中导流标准与施工进度之间的均衡关系。施工导流系统综合风险分配的原则是认为随着决策者对风险损失态度而变化期望效用损失值在整个施工系统中保持一个相对均衡的状态。因此需要按照导流标准期望效用损失均衡原则调整各导流时段的导流标准，实现整个工程施工系统的全面协调、平衡。

5.4　施工导流标准多目标风险决策

　　施工导流贯穿水利水电工程建设的全过程，是施工期内的关键环节之一。施工导流方案包括导流程序和相应的导流建筑物等；导流程序说明了导流工程运行期间的导流标准选择情况；导流建筑物的规模大小与导流标准相适合。同时，对于一个导流标准，导流建筑物的布置形式也会有多种。施工导流方案决策就是在众多备选（设计）的导流标准和导流方案中选取一个满意的决策答案。由于导流标准直接影响着施工导流工程的规模、主体工程施工安全、施工总工期及工程投资，因此，工程实际中不同的施工导流备选方案对应不同的导流标准。施工导流（方案）设计作为水利水电工程施工组织设计中的重要组成部分，首先要解决的就是导流标准选择问题。

　　水电工程施工过程中充满了各种各样的风险，其不确定性和无法预见性往往给工程施工造成巨大的损失。在决策评价中要考虑多个目标，而这些目标之间又通常是相互矛盾的，就评价指标而言，既有定量指标，又有定性指标，在多目标条件下，找出满意的方案是多目标决策评价中存在的主要问题。

5.4.1　施工导流标准决策的目标

　　由于所研究的导流系统中固有的风险，在工程建设中所冒的风险究竟有多大必须回答清楚。导流标准的优劣，除技术上可行外，可以认为视其达到下述 3 个目标的程度如何：

　　（1）导流工程的费用（造价），越低越好。

（2）导流工程工期（工期），越短越好。

（3）导流工程承担的风险（风险率），越低越好。

就导流标准选择而言，处理风险、投资（费用）与工期三者之间的关系，取决于两方面的约束，一个是最大容许的施工进度要求，一个是最大容许投资费用的限制。对于这两个要求的理解是就超载洪水发生后，有没有容许的时间和容许的费用再把被破坏的导流建筑物重新恢复起来。因此，在进行导流标准决策时，要在决策者能够接受的风险范围内，协调处理确定性投资、施工进度、超载洪水发生的导流建筑物损失及发电工期损失。至于决策者接受风险的能力与范围，很大程度决定于国家政策法规、管理体制等多方面的因素。

根据上面的分析，可以认为评价备选导流标准的主要指标有如下几个：

（1）导流建筑物建设投资（或确定型费用）。

（2）导流建筑物最大平均施工强度（或确定型施工进度）。

（3）导流建筑物及工期综合风险损失（或不确定型费用）。

（4）导流标准（或重现期）。

5.4.2　导流标准多目标风险决策的指标分析

1. 导流标准的动态综合风险

在某设计导流标准下，根据工程导流设计资料，考虑水文、水力不确定性因素的影响，采用 Monte-Carlo 方法模拟施工洪水过程和导流建筑物泄流，统计分析确定围堰（或坝体）上游水位分布，计算确定围堰（或坝体）施工设计规模条件下的导流风险 R。因此，在该导流标准下、导流建筑物运行年限内，k 年内遭遇超标洪水的动态风险 $R(k)$ 为

$$R(k) = 1 - (1 - R)^k \tag{5.34}$$

2. 确定型投资

该项费用包括挡水、泄水建筑物的施工费用及基坑的抽水和开挖费用。在导流建筑物的规模确定的情况下，其确定型投资可由下式估算：

$$C = C_1 + C_2 + C_3 + C_4 \tag{5.35}$$

式中：C——确定型投资费用；

C_1——泄水建筑物的费用；

C_2——上游围堰的费用；

C_3——下游围堰的费用；

C_4——基坑抽排水费用。

3. 围堰施工确定型最大平均强度

围堰确定型施工最大平均强度 D 表示在考虑泄水建筑物的施工进度、截流历时、基坑抽水排水时间等条件下,围堰的最大平均填筑强度。

4. 超载洪水导致溃堰风险损失

如导流挡水建筑物为土石围堰或土石过水围堰,超载洪水可能导致溃堰。现以土石围堰为例说明溃堰风险损失。

超载洪水发生后,上游围堰溃决,洪水充满基坑。上下游围堰考虑为渐溃时,根据溃堰水力学分析,可以计算出下游各处的水位变化情况;根据下游的河道特点以及两岸的重要程度估计出下游淹没范围和经济损失情况。

考虑到河道具有一定的滞洪能力和汛期可以采用一些预防溃堰的措施,风险分析不考虑溃堰下游淹没损失,只计算围堰基坑内损失,每一次超载洪水导致溃堰的风险损失 $C_r(n)$ 估算为

$$C_r(n) = C_{r1}(n) + C_{r2}(n) + C_{r3}(n) + C_{r4}(n) \tag{5.36}$$

式中: $C_{r1}(n)$——基坑再次抽排水费用;

$C_{r2}(n)$——重修上下游围堰的费用;

$C_{r3}(n)$——基坑清淤费用;

$C_{r4}(n)$——工期损失导致的发电损失。

在围堰运行使用期内,超载洪水导致溃堰风险总损失为

$$C_p = \sum_{n=0}^{k} C_r(n)(1+i)^{-n} R(n) \tag{5.37}$$

式中: k——围堰运行使用年限;

i——风险损失折算成工程投资概算基准年的折现率。

5. 导流标准与风险决策指标的关系

施工导流标准的风险决策,关键是要解决两方面的问题:选择多大的风险度最值得?有没有这个能力冒这个风险?对于特定的水利水电工程,其地质、水文、河谷形状等条件是确定的,在枢纽布置、导流方式、施工设备及施工技术条件一定的情况下,导流工程的确定型费用、确定型施工强度和超载洪水风险损失只依赖于导流标准的变化。确定型费用、施工强度和超载洪水风险损失表示成风险度 R 的函数,即

$$C = C(R) \tag{5.38}$$

$$D = D(R) \tag{5.39}$$

$$C_p = C_p(R) \tag{5.40}$$

可估算得备选的各个标准或风险度对应的确定型费用、确定型施工强度和超载洪水的风险损失,如表 5.1 所示。

表 5.1　导流标准与风险决策指标的关系表

导流标准 T_i(重现期)	T_1	T_2	...	T_i	...	T_n
风险度 R_i	R_1	R_2	...	R_i	...	R_n
确定型费用 C_i/万元	C_1	C_2	...	C_i	...	C_n
确定型施工强度 D_i/万元	D_1	D_2	...	D_i	...	D_n
风险损失 C_{p_i}	C_{p_1}	C_{p_2}	...	C_{p_i}	...	C_{p_n}

6. 导流标准多目标风险决策的流程

(1) 建立导流标准风险决策的决策矩阵。建立如表 5.1 所示的导流标准与风险决策指标的关系表。

(2) 决策矩阵规范化。

(3) 用层次分析法等方法进行权重分析,确定各指标的一组权重。

(4) 用 TOPSIS 等方法进行方案综合指标排序。

(5) 根据排序结果选出最优方案,并进行权重敏感性分析。

5.4.3　导流标准多目标风险决策的权重分析

1. 决策指标排序的测度方法

多目标决策指标是不同类型、不同特性,具有不可公度性。一般来说,这种特性指标的比较判断,可以利用人们的经验,采用 Saaty 提出的层次分析原理确定。

1) 直接判断法

这种方法适用于指标可以直接定量测度(如工程项目的造价,施工时间等),或者可以通过某种参照物(如比率等)对指标进行间接定量测度的情况。

2) 标度赋值法

在大多数情况下,判断指标不能直接或间接量化。为了将要素的比较判断量化,Saaty 引入了"1～9"比率标度法,如表 5.2 所示。

表 5.2　"1～9"比率标度法

量化	定义	含　义
1	相同重要	决策人认为两个因素同样重要
3	略为重要	决策人由经验判断认为一个因素比另一个因素略为重要
5	相当重要	决策人由经验判断一个因素比另一个因素重要
7	明显重要	决策人深感一个因素比另一个因素重要,已被实践证实
9	绝对重要	决策人强烈地感到一个因素比另一个因素重要,已被实践反复证实
2,4,6,8	相邻判断值	决策人认为需要取得两个判断折中

只要确定两个指标相互比较的程度,就可以确定其比值。应用标度赋值法的困难在于确定比较的程度。

3)指数标度法

由于决策者对指标(或系统)认识的局限性,很难采用"1~9"比率标度法来刻画各个指标的相对重要程度。例如,一个指标比另一个指标重要得多,决策者在标度 5 和标度 7 两者之间选择是很困难的。特别是同一层次上的指标较多时,还容易使决策者作出矛盾和混乱的判断,使判断带有盲目性和任意性。为了解决这个问题,可以采用-1、0、1 三个标度,使决策者很容易地做出比较判断,避免采用 1~9 标度判断出现的臆断性,利用最优传递矩阵的方法,建立指标对比的判断矩阵。其方法是:

1)若指标 p_k 比 p_l 重要,则排序标度 $e_{kl} = 1$, $e_{lk} = -1$。

2)若指标 p_l 比 p_k 重要,则排序标度 $e_{lk} = 1$, $e_{kl} = -1$。

3)若指标 p_k 比 p_l 同等重要,则排序标度 $e_{kl} = e_{lk} = 0$。

根据上述二元对比判断标度方法可以得到二元对比矩阵:

$$\boldsymbol{E} = \begin{bmatrix} e_{11} & e_{12} & \cdots & e_{1n} \\ e_{21} & e_{22} & \cdots & e_{2n} \\ \vdots & \vdots & & \vdots \\ e_{n1} & e_{n2} & \cdots & e_{nn} \end{bmatrix} = (e_{kl})_{n \times n}$$

在二元对比矩阵 $\boldsymbol{E}$ 的基础上,根据最优传递矩阵原理,构造 $\boldsymbol{E}$ 的传递矩阵

$$\boldsymbol{S} = (s_{ij})_{n \times n}$$

式中:

$$s_{ij} = \frac{1}{n} \sum_{k=1}^{n} (e_{ik} + e_{kj}) \tag{5.41}$$

从而可以得到相应的判断矩阵 $\boldsymbol{C} = (c_{ij})_{n \times n}$,其中:

$$c_{ij} = e^{s_{ij}} \tag{5.42}$$

2. 决策指标的权重确定方法

各个指标在决策中的地位是不同的,其差异主要表现在以下几个方面:①决策者在不同的施工条件和环境下对各指标的重视程度不同;②各指标在决策中所起作用不同。因此决策中都需要一个描述指标相对重要程度的权的估价,指标的权重应该是指标在决策中相对重要程度的一种主观评价和客观反映的综合度量。应用多目标决策模型优选导流标准,必须确定各指标的权重,以便在决策模型中明确指标的重要性。再者,各指标权重系数的大小直接影响到导流标准多目标决策的结果,因此合理确定指标的权重系数,客观地反映它在导流标准多目标决策中的相对重要性,会直接提高决策结果的准确性。所以,在导流标准多目标决策中,各指

标权重的确定是一个关键。

假设决策指标排序的判断矩阵 $\boldsymbol{A}$ 为

$$\boldsymbol{A} = \begin{bmatrix} a_{11} & a_{12} & \cdots & a_{1n} \\ a_{21} & a_{22} & \cdots & a_{2n} \\ \vdots & \vdots & & \vdots \\ a_{n1} & a_{n2} & \cdots & a_{nn} \end{bmatrix} = \begin{bmatrix} \omega_1/\omega_1 & \omega_1/\omega_2 & \cdots & \omega_1/\omega_n \\ \omega_2/\omega_1 & \omega_2/\omega_2 & \cdots & \omega_2/\omega_n \\ \vdots & \vdots & & \vdots \\ \omega_n/\omega_1 & \omega_n/\omega_2 & \cdots & \omega_n/\omega_n \end{bmatrix} \qquad (5.43)$$

进行排序的方法主要有：

1) 求和法

第一步，对判断矩阵的每一行求和：

$$b_i = \sum_{j=1}^{n} a_{ij} \qquad i = 1, 2, \cdots, n \qquad (5.44)$$

第二步，对求和向量 $\boldsymbol{B} = (b_1, b_2, \cdots, b_n)^{\mathrm{T}}$ 进行正规化：

$$\omega_i = \frac{b_i}{\sum_{i=1}^{n} b_i} \qquad i = 1, 2, \cdots, n \qquad (5.45)$$

则得到排序的权重向量 $\boldsymbol{\omega}$ 为

$$\boldsymbol{\omega} = (\omega_1, \omega_2, \cdots, \omega_n)^{\mathrm{T}}, \sum_{i=1}^{n} \omega_i = 1 \qquad (5.46)$$

2) 正规化求和法

第一步，对判断矩阵 $\boldsymbol{A}$ 的每一列正规化：

$$b_{ij} = \frac{a_{ij}}{\sum_{i=1}^{n} a_{ij}} \qquad i, j = 1, 2, \cdots, n \qquad (5.47)$$

第二步，对正规化后的判断矩阵按行求和：

$$b_i = \sum_{j=1}^{n} b_{ij} \qquad i, j = 1, 2, \cdots, n \qquad (5.48)$$

第三步，对向量 $\boldsymbol{B} = (b_1, b_2, \cdots, b_n)^{\mathrm{T}}$ 进行正规化：

$$\omega_i = \frac{b_i}{\sum_{i=1}^{n} b_i} \qquad i = 1, 2, \cdots, n \qquad (5.49)$$

则得到向量 $\boldsymbol{\omega} = (\omega_1, \omega_2, \cdots, \omega_n)^{\mathrm{T}}$ 为排序的权重向量。

3) 方根法

第一步，求判断矩阵每行元素之积 M_i：

$$M_i = \prod_{j=1}^{n} a_{ij} \qquad i = 1, 2, \cdots, n \qquad (5.50)$$

第二步，计算 M_i 的 n 次方根 $\bar{\omega}_i$：

$$\bar{\omega}_i = \sqrt[n]{M_i} \qquad i = 1, 2, \cdots, n \qquad (5.51)$$

第三步,对向量 $\bar{\boldsymbol{\omega}} = (\bar{\omega}_1, \bar{\omega}_2, \cdots, \bar{\omega}_n)^{\mathrm{T}}$ 正规化:

$$\bar{\omega}_i = \frac{\bar{\omega}_i}{\sum\limits_{i=1}^{n} \bar{\omega}_i} \qquad i = 1, 2, \cdots, n \tag{5.52}$$

则所求特征向量 $\boldsymbol{\omega} = (\omega_1, \omega_2, \cdots, \omega_n)^{\mathrm{T}}$ 为排序的权重向量。

4) 特征向量法

我们知道,决策指标排序的特征向量 $\boldsymbol{\omega} = (\omega_1, \omega_2, \cdots, \omega_n)^{\mathrm{T}}$ 满足:

$$A\boldsymbol{\omega} \approx \begin{bmatrix} \omega_1/\omega_1 & \omega_1/\omega_2 & \cdots & \omega_1/\omega_n \\ \vdots & \vdots & \vdots & \vdots \\ \omega_n/\omega_1 & \omega_n/\omega_2 & \cdots & \omega_n/\omega_n \end{bmatrix} \begin{bmatrix} \omega_1 \\ \omega_2 \\ \vdots \\ \omega_n \end{bmatrix} = n \begin{bmatrix} \omega_1 \\ \omega_2 \\ \vdots \\ \omega_n \end{bmatrix} \tag{5.53}$$

则

$$(A - nI)\boldsymbol{\omega} \approx \boldsymbol{0} \tag{5.54}$$

式(5.54)中,I 是单位矩阵。如果 A 的估计准确,式(5.54)严格等于零,齐次方程对未知数 $\boldsymbol{\omega}$ 只有平凡解;如果 A 的估计不能准确使式(5.54)等于零,则矩阵 A 具有这样的性质:元素小的摄动意味着相应特征值有小的摄动,从而有

$$A\boldsymbol{\omega} = \lambda_{\max}\boldsymbol{\omega} \tag{5.55}$$

并且

$$\sum_{i=1}^{n} \omega_i = 1 \tag{5.56}$$

由式(5.55)、式(5.56)联立求解,即可获得 ω_i。在计算时,采用数值解较为方便。计算步骤是:

第一步,任取一个和判断矩阵 A 同阶的正规化初值向量 $\boldsymbol{\omega}(0)$。

第二步,计算 $\bar{\boldsymbol{\omega}}^{(k+1)} = A\boldsymbol{\omega}^{(k)}$,$k = 0, 1, 2, \cdots$

第三步,令 $\beta = \sum\limits_{i=1}^{n} \bar{\omega}_i^{(k+1)}$,计算 $\boldsymbol{\omega}^{(k+1)} = \frac{1}{\beta}\bar{\boldsymbol{\omega}}(k+1)$,$k = 0, 1, 2 \cdots$

第四步,给定计算精度 ε,当 $|\omega_i^{(k+1)} - \omega_i^{(k)}| < \varepsilon$,$i = 1, 2, \cdots, n$ 都成立时,计算停止,$\boldsymbol{\omega} = \boldsymbol{\omega}^{(k+1)}$ 为所求的特征向量,且

$$\lambda_{\max} = \sum_{i=1}^{n} \frac{\boldsymbol{\omega}^{(k+1)}}{n\omega_i^{(k+1)}} \tag{5.57}$$

否则,转向第二步。

5) 权的最小平方法

如果决策人估计准确,则 $a_{ij}\omega_j - \omega_i = 0$。一般地,由于估计的误差,该式并不成立,但可以选择一组权 $W = (\omega_1, \omega_2, \cdots, \omega_n)^{\mathrm{T}}$,使平方误差最小,即

$$\min Z = \sum_{i,j=1}^{n} (a_{ij}\omega_j - \omega_i)^2 \tag{5.58}$$

$$\text{s. t. } \sum_{i=1}^{n} \omega_i = 1$$

$$\omega_i \geqslant 0 \qquad i = 1, 2, \cdots, n$$

引入拉格朗日乘子 λ,则有拉格朗日函数:

$$\min L = \sum_{i,j} (a_{ij}\omega_j - \omega_i)^2 + \lambda(\sum_i \omega_i - 1) \tag{5.59}$$

即

$$\frac{\partial L}{\partial \omega_l} = \sum_{i=1}^{n} (a_{il}\omega_l - \omega_l)a_{il} - \sum_{j=1}^{n} (a_{il}\omega_j - \omega_l) + \lambda = 0 \qquad l = 1, 2, \cdots, n \tag{5.60}$$

则

$$BW = -\boldsymbol{\Gamma} \tag{5.61}$$

式中:

$$\boldsymbol{\Gamma} = (\lambda, \lambda, \cdots, \lambda)^{\mathrm{T}}$$

$$\boldsymbol{B} = \begin{bmatrix} \sum_{\substack{i=1 \\ i \neq 1}}^{n} a_{i1}^2 + n - 1 & -a_{12} - a_{21} & \cdots & -a_{1n} - a_{n1} \\ -a_{21} - a_{12} & \sum_{\substack{i=1 \\ i \neq 2}}^{n} a_{i1}^2 + n - 1 & \cdots & -a_{2n} - a_{n2} \\ \vdots & \vdots & & \vdots \\ -a_{1n} - a_{n1} & -a_{n2} - a_m & \cdots & \sum_{\substack{i=1 \\ i \neq n}}^{n} a_{in}^2 + n - 1 \end{bmatrix} \tag{5.62}$$

由式(5.58)、式(5.59)联立求解非齐次线性方程组,可求得 ω_i 的唯一解。

6) 熵权法

熵可以用来度量信息量的大小。某项指标携带和传输的信息越多,表示该指标对决策的作用较之其他携带和传输较少信息的指标要大。通过熵权的大小可以来反映不同指标在决策中作用的程度。当各被评价导流标准在指标 j 上的值相差越大、熵值 H_j 越小、熵权 w_j 越大时,说明该指标向决策者提供了越多的可供决策的信息量,作用也就越大。

根据熵权理论,对于规范化后隶属度矩阵 R,就可以计算出导流标准决策指标的熵权,具体计算方法见式(5.24)和式(5.25)。

7) 综合权重

运用上面 1~5 介绍的主观赋权法可以确定各指标间的权重系数,是主观的权重,反映了决策者的意向,决策或评价结果具有很大的主观性。而运用熵权法确定各指标间的权重系数,决策或评价结果虽然具有较强的数学理论依据,但没有考虑决策者的意向。因此,两类赋权法各有一定的局限性。

熵权体现了在决策的客观信息中指标对评价作用的大小,是客观的权重,而在决策过程中,主观权重可以反映决策者对决策指标的偏好。例如在初期导流工程中,有的决策者可能认为围堰施工强度比围堰施工确定型费用略重要,确定型费用比不确定型费用略重要。可以选择某种方法通过主观权重 $\lambda_1,\lambda_2,\cdots,\lambda_n$ 来调整熵权 $w_1,w_2,\cdots,w_n$,既可以反映客观的决策信息又可以体现决策者对决策指标的偏好。令:

$$\theta_j = \frac{w_j\lambda_j}{\sum\limits_{j=1}^{n} w_j\lambda_j} \tag{5.63}$$

称 $\theta_1,\theta_2,\theta_3,\cdots,\theta_n$ 为导流标准多目标风险决策各指标的综合权重。

3. 导流标准多目标风险决策权重的检验

1) 一致性检验

在构造判断矩阵时,决策者的估计总是存在偏差。只要偏差在允许范围之内,排序才是有效的;否则需要重新调整判断矩阵。由矩阵理论可知,如果

$$a_{ij} = \frac{\omega_i}{\omega_j} \quad i,j = 1, 2, \cdots, n$$

则

$$\boldsymbol{A\omega} = N\boldsymbol{\omega} \tag{5.64}$$

式中:$\boldsymbol{A}=(a_{ij})_{n\times n}$,$\boldsymbol{\omega}=(\omega_1,\omega_2,\cdots,\omega_n)^{\mathrm{T}}$,并且 $\boldsymbol{A}$ 有唯一的最大特征根 $\lambda_1=\lambda_{\max}$,其余 $n-1$ 个特征根 $\lambda_2=\lambda_3=\cdots=\lambda_n=0$。

当判断矩阵 $\boldsymbol{A}$ 具有上述特性时,表明决策者的估计完全一致。

由于决策者的估计存在偏差,$a_{ij}\approx\omega_i/\omega_j$,$i,j=1,2,\cdots,n$,则判断矩阵 $\boldsymbol{A}$ 的最大特征根 $\lambda_1=\lambda_{\max}>n$,而其余 $n-1$ 个特征根 $\lambda_2,\cdots,\lambda_n$ 有

$$\sum_{i=2}^{n}\lambda_i = n - \lambda_{\max} \tag{5.65}$$

为了说明判断矩阵的一致性,可以用式(5.66)来估计矩阵偏离的程度,即定义

$$CI = \frac{\lambda_{\max} - n}{n - 1} \tag{5.66}$$

为判断矩阵 $\boldsymbol{A}$ 的一致性指标。

然而,判断矩阵的一致性与其矩阵的阶有关。为了消除判断矩阵阶的影响,还需引入判断矩阵的平均随机一致性指标 RI,对于 $1\sim9$ 阶判断矩阵,RI 值如表 5.3 所示。

表 5.3　平均随机一致性指标 *RI*

N	1	2	3	4	5	6	7	8	9
RI	0.00	0.00	0.58	0.90	1.12	1.24	1.32	1.41	1.46

由表 5.3 可知,对于 1、2 阶判断矩阵,*RI* 只是形式上的,原因是 1、2 阶判断矩阵总是具有完全一致性。当阶数大于 2 时,判断矩阵的一致性指标 *CI* 与同阶平均随机性指标 *RI* 之比称为随机一致性比率,记为 *CR*。

当 *CR = CI/RI* < 0.10 时,认为判断矩阵具有满意的一致性;否则需要调整判断矩阵,使之具有满意的一致性。

2) 权重灵敏度分析

导流标准多目标风险决策权重的灵敏度分析是对决策结论的可靠性进行讨论,或对决策过程中的一些指标和参数的权重变化进行估计,得到一些决策结论不变时它们的取值范围,以确定决策结论的灵敏(敏感)性和稳定性。它引导人们站在更高的位置做决策——不仅知道决策方案的好坏,还能确定在指标权重发生变化时,会对各决策方案的排序产生什么影响。因此,权重的灵敏度分析,对导流标准多目标风险决策具有重要的意义。

权重灵敏度分析的主要内容有:①导流标准多目标决策的某指标(参数)权重的微小变化,是否会影响决策结论,即讨论该权重的灵敏性;②确定导流标准多目标决策中某指标权重在什么范围里变化不会(或会)影响决策方案的排序结论。

如果指标的权重在可接受的范围内变化,都没有影响优选的导流标准,那么认为方案决策的权重敏感性低,对决策的结论有更深刻的认识,对选出满意的导流标准有更多的依据和理论支持。

5.4.4　基于期望效用理论的施工导流风险均衡配置

施工导流作为工程建设施工的子系统,其导流方案优选与坝体施工进度的安排是相互影响的,必须通过整个工程的施工系统进行全面的协调、平衡,以达到总体施工系统的稳定与优化。水电工程的施工导流标准是按照导流建筑物的级别、其服务对象的重要性来进行选择的,一般混凝土结构导流建筑物初期导流标准为 10~20 年一遇,坝体施工期临时度汛导流标准大于 50 年一遇,导流泄水建筑物封堵后坝体度汛导流标准为 100~200 年一遇。导流标准逐渐提高是因为随着工程建设的进行,永久建筑物逐渐具备挡水能力,上游水位逐渐升高,工程失事造成的损失同步增长,因此要求其设计风险率随着工程建设的进展逐渐降低,保持期望损失与施工进度要求均衡。但在坝体施工的某个导流时段会出现导流标准制定过高而导致工程的进度要求明显偏高,尤其在初期和中后期导流衔接导流标准发生突变时,各导流时段的风险损失随着工程建设的进展发生跳跃,与水电工程施工组织要求的导流标准设计风险率和风险损失费用稳健降低原则不相符。因此,需要从工程施工系统整体的角度出发将施工导流的动态风险计算与施工进度计划以及导流标准制定耦合起来研究,建立施工导流系统的风险分配机制,描述水电工程建设基本规律。

在确定风险损失费用 C_p 的基础上得到效用损失 $u(C_p)$,则期望效用损失为

$$E(C_p) = u(C_p)R \tag{5.67}$$

式中: C_p——风险损失费用;

　　　R——导流风险率。

施工导流方案的多目标决策是协调系统风险、费用以及工期之间的关系,因此,导流方案选择的关键不仅仅在于其导流风险的大小,更在于相应的风险损失与投资费用之间的相互约束关系。导流标准的选择一方面影响施工导流系统的风险率,另一方面影响各个导流时段的风险损失,而期望效用损失是在一定导流时段内考虑决策者效用的情况下不确定性费用的期望平均值,是考虑施工导流风险和决策者效用的综合性函数。理想的导流方案随着决策者的风险偏好而变化,不同导流时段的期望效用损失在整个施工系统中保持一个相对均衡的状态。根据各个导流阶段效用均衡原则,期望效用损失可以用来衡量导流系统风险合理配置的均衡关系。因此,按照期望效用损失均衡原则制定的导流方案综合考虑风险率、费用和工期三个目标,采用多目标决策模型得到的决策结果应该与之相符合。

应该指出,水电工程施工过程中决策者面对坝体失事后可能造成的风险损失时,其风险偏好可以定义出三种类型:风险厌恶、风险追求和风险中立,决策者的这三种风险偏好并不是截然分开的,同一主体对于同类问题在不同时期可能就有不同的风险偏好,应基于决策者的风险偏好拟定施工导流方案集进行多目标决策。

第6章 工程应用与分析

近十年来,施工导流风险分析成功应用于三峡、溪洛渡、小湾、龙滩、水布垭等大型水利水电工程的设计与施工中。本章主要介绍导流风险分析的典型工程应用案例,其中断流围堰、隧洞导流的土石坝工程导流风险决策选取糯扎渡工程为例;断流围堰、隧洞导流的混凝土拱坝工程导流风险分析选取锦屏一级工程为例;土石过水围堰为特点的施工导流风险分析以鲁地拉工程为例;分期导流的混凝土重力坝工程施工导流风险分析以向家坝工程为例;将效用理论引入施工导流标准选择,均衡各时段施工导流风险以观音岩工程为例;土石围堰的溃堰过程分析以江坪河工程为例。

6.1 糯扎渡水电站初期导流标准多目标风险决策

6.1.1 工程概况

糯扎渡水电站装机 5500MW,正常蓄水位 812.0m,坝顶高程 817.5m,最大坝高约 260.0m,正常蓄水位库容 $22.5 \times 10^9 \mathrm{m}^3$。枢纽工程为一等工程,相应的导流建筑物为Ⅲ级或Ⅳ级。鉴于该工程规模巨大,导流建筑物的使用期为两年,上游围堰高度超过 50m,围堰形成的库容约 $600 \times 10^6 \mathrm{m}^3$,围堰失事后将对工程建设造成重大损失,故将导流建筑物级别选定为Ⅲ级。根据规范要求,对于Ⅲ级导流建筑物,土石类围堰相应设计洪水标准为重现期 30~50 年。

根据该工程水文、地形、地质和工程规模等条件,采用断流、土石围堰、隧洞导流、大坝全年施工的导流方式。施工总工期 12 年,其中预备期 3 年,主体工程施工 6.5 年,工程完建期 2.5 年。预计第一台机组发电时间为 9.5 年。

以Ⅱ坝线为代表,左岸泄洪洞进口高程 710m,右岸泄洪洞进口高程 695m,厂房以 9 台机组方案为代表,1#、2#尾水洞与 1#、2#导流洞相结合;溢洪道采用 8 孔方案,施工期参与泄流,进口高程 785m。

综合研究分析水文系列资料、导流建筑物的工程量、施工工期以及水文、水力等不确定性因素,初步拟定糯扎渡水电站的初期施工导流标准为:方案 1:50 年一遇洪水标准;方案 2:30 年一遇洪水标准;方案 3:第 4 年采用 30 年一遇洪水标准,第 5 年采用 50 年一遇洪水标准。

初期导流 30 年一遇洪峰流量 $Q_{p=3.3\%} = 15700\mathrm{m}^3/\mathrm{s}$,50 年一遇洪峰流量 $Q_{p=2.0\%} = 17400\mathrm{m}^3/\mathrm{s}$。中期导流时,考虑到坝体拦洪库容已达 $1.00 \times 10^9\mathrm{m}^3$,根据规范,选取大坝临时度汛标准为 200 年一遇,相应的设计洪峰流量为 22000m^3/s,300 年一遇校核,相应的设计洪峰流量为 23400m^3/s;导流洞和导流底孔封堵后,大坝的度汛标准为 500 年一遇,相应的设计洪峰流量为 25100m^3/s,1000 年一遇洪水校核,洪峰流量为 27500m^3/s。

坝址所处河段两岸谷坡陡峻,河道顺直,河谷断面呈基本对称的窄"U"形。导流基本布置为:左岸 1#、2# 导流洞进口高程 600m,右岸 3# 导流洞进口高程 605m,右岸 4# 导流洞进口高程 635m,左岸 5# 导流洞进口高程 660m。各导流方案的导流隧洞布置有所不同,具体参数如表 6.1 所示。其中 30/50 年一遇的导流隧洞布置与 30 年一遇方案一致,不同的只是在围堰工作的第 2 年将上游围堰加高到 657m 高程。

表 6.1 导流洞参数表

编号	尺寸($W \times H$)/($\mathrm{m} \times \mathrm{m}$)		断面形式	进口高程/m
	30 年标准	50 年标准		
1#	16×21	16×22.5	城门洞	600
2#	16×21	16×22.5	城门洞	600
3#	16×20	16×22.5	城门洞	605
4#	$2\text{-}6 \times 12$	12×15	城门洞	635
5#	$2\text{-}5 \times 8.5$	9×12	城门洞	660

注:30/50 年一遇的导流方案的隧洞布置与 30 年一遇方案相同。

6.1.2 导流设计参数

1. 坝址水位库容关系

坝址水位与库容关系曲线见图 6.1。

2. 设计洪水过程线

坝址相关标准的设计洪水过程线(30 年、50 年、200 年和 300 年一遇)见图 6.2。

3. 泄流建筑物泄流能力

泄流建筑物泄流能力曲线见图 6.3。

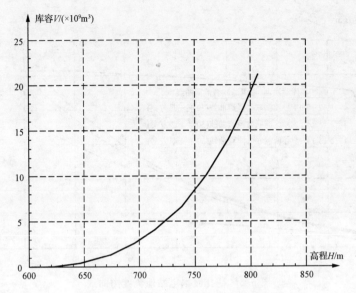

图 6.1　糯扎渡坝址水位与库容关系曲线

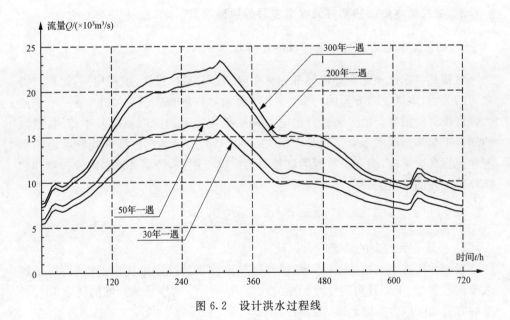

图 6.2　设计洪水过程线

4. 设计泄流曲线拟合

由于原设计数据中没有高水位、大流量对应关系,并且数据间隔不等,不便于使用和查取。所以需要对原泄流曲线延长和插值,对应图 6.3 中虚线部分。

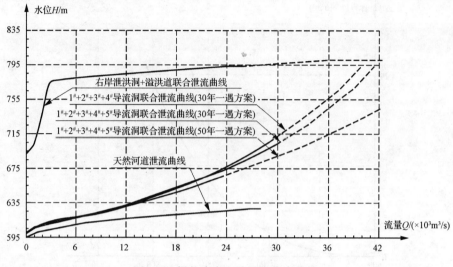

图 6.3　糯扎渡水电站泄流能力曲线

6.1.3　糯扎渡水电站初期导流标准多目标风险决策

1. 糯扎渡水电站初期导流标准决策的目标

对糯扎渡水电站初期导流标准选择而言,处理风险、投资(或费用)与工期三者之间的关系,取决于两方面的约束,一个是最大容许的施工进度要求,另一个是最大容许投资的限制。由于糯扎渡水电站初期导流方案的围堰规模基本相同,围堰的施工工期和超载洪水发生后风险损失基本一致。因此,在进行糯扎渡水电站初期导流标准决策时,要在决策者能够接受的风险范围内,协调处理确定性投资和初期导流风险的均衡关系。

2. 初期导流标准多目标决策计算成果及其分析

1) 备选导流方案的动态综合风险

根据糯扎渡水电站施工组织设计和昆明勘测设计院专家提供的资料,对于备选导流方案 30 年一遇初期导流标准的风险 R_{30}、50 年初期导流标准的风险 R_{50},对应的方案动态综合风险如表 6.2 所示。

表 6.2　围堰运行的综合风险率

	方案 1	方案 2	方案 3
导流标准	$p=3.33\%$	$p=2\%$	第 4 年 $p=3.33\%$,第 5 年 $p=2\%$
第 4 年综合风险	$p=2.51\%$	$p=1.65\%$	$p=2.51\%$
第 5 年综合风险	$p=4.96\%$	$p=3.27\%$	$p=3.93\%$

2) 各导流标准下的确定型费用估算

根据糯扎渡水电站施工组织设计和昆明勘测设计研究院施工处专家提供的资料,确定在多导流标准下的确定型费用如表 6.3 所示。

表 6.3　各导流标准下的确定型费用

项目	单位	50 年一遇标准	30 年一遇标准	30/50 年一遇标准	单价/元
明挖	m³	5436393	5202240	5202240	50.40
洞挖	m³	2497173	2315104	2315104	107.45
混凝土	m³	1177305	1105567	1105567	605.81
钢筋	t	75510.27	71455.37	71455.37	5989.53
喷混凝土	m³	90132.88	90132.88	90132.88	818.83
回填灌浆	m³	97373.76	97373.76	97373.76	102.59
锚杆	根	193493.5	189469	189469	210.88
钢筋网	t	224.511	224.511	224.511	6289.33
上游围堰	m³	1040299	1040299	1696667	42.26
下游围堰	m³	282302	282302	282302	42.26
总计	万元	188971	178975	181749	—

注:围堰工程量不含与坝体结合的部分。

3) 目标权重的确定

根据工程经验,围堰施工导流风险比导流系统投资(费用)重要。依据"1～9"比率标度法,如表 5.2 比较判断量化标准。

判断矩阵为 A:

	C	$R(n)$
C	1	1/2
$R(n)$	2	1

采用求和法求解排序权重为

$$W_1 \approx 0.333, \quad W_2 \approx 0.667$$

通过多目标决策 R_i 模型确定导流方案优选排序后,对于目标权重可以作敏感度分析,分析优选结果的稳定性。

4) 计算分析结果

计算分析结果如表 6.4～表 6.6 所示。

表 6.4　各导流标准条件下的决策指标

导流标准(重现年)	确定型费用 /×10⁴ 元	不确定型费用 /×10⁴ 元	围堰填筑强度 /(×10⁴m³/月)
30 年一遇	178975.2	14786.3	19.95
50 年一遇	188971.2	8809.7	24.13
第 4 年 30 年一遇 第 5 年 50 年一遇	181749.0	11421.4	21.00

表 6.5　各导流标准条件下的决策分析结果

$L^{(1)}(R_i,\Phi)^2$	0.000E+00	3.000E−01	3.000E−01
$L^{(1)}(R_i,\Phi)^2$	7.000E−01	0.000E+00	7.000E−01
$L^{(1)}(R_i,\Phi)^2$	5.390E−02	4.589E−02	9.979E−02
$L^{(2)}(R_i,\Psi)^2$	7.000E−01	0.000E+00	7.000E−01
$L^{(2)}(R_i,\Psi)^2$	0.000E+00	3.000E−01	3.000E−01
$L^{(2)}(R_i,\Psi)^2$	30654E−01	1.112E−01	4.766E−01

表 6.6　决策方案的敏感性分析

投资权重	风险权重	方案排序值		
		30 年一遇	50 年一遇	30/50 年一遇
0.70	0.30	0.700	0.300	0.827
0.30	0.70	0.300	0.700	0.762
0.33	0.67	0.333	0.657	0.767
0.40	0.60	0.400	0.600	0.779
0.50	0.50	0.500	0.500	0.795
0.60	0.40	0.600	0.400	0.811
0.70	0.20	0.700	0.300	0.827

通过初期导流标准风险分析,结果为:

方案 1:导流标准为 30 年一遇,风险率为 2.51%。运行期间的动态风险为

$$R(1) = 2.51\%, \quad R(2) = 4.96\%$$

方案 2:导流标准为 50 年一遇,风险率为 1.65%。运行期间的动态风险为

$$R(1) = 1.65\%, \quad R(2) = 3.27\%$$

方案 3:导流标准为第 4 年为 30 年一遇,第 5 年为 50 年一遇。运行期间的动

态风险为

$$R(1) = 2.51\%, \quad R(2) = 3.93\%$$

在初期导流标准风险分析的基础上,采用多目标决策技术综合分析导流系统费用和导流风险。结论是:导流方案优选排序为方案 3、方案 2 和方案 1。对决策方案进行权重敏感性分析得到的结果是方案 3 稳定性比较好。建议采用导流方案 3,即第 4 年 30 年一遇、第 5 年 50 年一遇导流标准。

6.2　锦屏一级水电站初期导流风险分析

6.2.1　工程概况

锦屏一级水电站位于凉山彝族自治州盐源县和木里县境内,是雅砻江干流上的重要梯级电站,其下游梯级为锦屏二级、官地、二滩和桐子林电站。锦屏一级水电站混凝土双曲拱坝坝高 305m,装机容量 3300MW,正常蓄水位 1880m,电站总库容 $7.77 \times 10^9 \mathrm{m}^3$,调节库容 $4.91 \times 10^9 \mathrm{m}^3$,为不完全年调节水库。

锦屏一级水电站属于一等大(Ⅰ)型工程,拦河大坝为混凝土双曲拱坝,导流建筑物级别为Ⅲ级,初期导流采用断流围堰、左右岸隧洞导流、基坑全年施工的导流方案,中期导流采用坝上开设导流底孔和永久放空深孔单独或者联合泄流、度汛的方案,后期导流采用永久放空深孔、泄洪洞、大坝溢流表孔单独或者联合泄流、度汛的方案。初拟第 3 年 11 月底至第 6 年 5 月底初期导流采用围堰挡水,设计标准为 30 年一遇,相应的洪水流量为 9370m³/s;根据施工进度安排,第 6 年 6 月初至第 7 年 10 月底,坝体施工期临时挡水度汛标准为 100 年一遇,相应的设计洪水流量为 10900m³/s;中期导流期间坝体施工期临时挡水度汛标准为 200 年一遇,相应的设计洪水流量为 11700m³/s,后期导流期间坝体施工期临时挡水度汛标准为 500 年一遇,相应的设计洪水流量为 12800m³/s。

初期导流建筑物包括导流洞与上下游围堰,中后期导流建筑物包括坝上开设的导流底孔以及永久放空深孔。左右岸导流洞进口底板高程为 1635.50m,出口底板高程为 1631.00m,洞身断面为 15m×19m 的城门洞型。上下游围堰拟采用土工膜心墙与高喷混凝土防渗墙相结合的土石围堰。上游围堰堰顶高程 1691.50m,最大堰高 64.50m,堰体总堆筑量 995.20×10³m³,其中堰基高喷混凝土防渗墙截水面积 8910m²;下游围堰堰顶高程 1656.00m,最大堰高 23.00m。导流底孔设置高程为 1700.00m,孔口尺寸为 5-6.50m×9.00m(数目-宽度×高度)。

6.2.2　导流设计参数

1. 坝址水位库容关系

坝址处的锦屏一级水电站坝址水位与库容关系如图 6.4 所示。

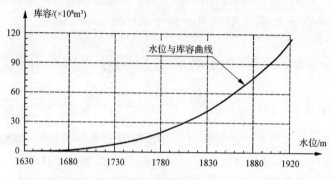

图 6.4　锦屏一级水电站坝址水位与库容关系曲线

2. 设计洪水过程

导流设计中使用的 4 个标准的设计洪水过程(30 年、100 年、200 年和 500 年一遇)如图 6.5 所示。

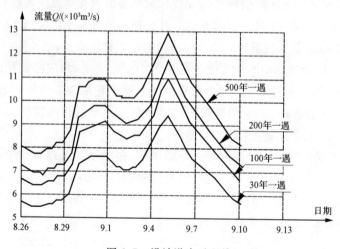

图 6.5　设计洪水过程线

3. 泄流建筑物的泄流能力

锦屏一级水电站泄流能力曲线如图 6.6 所示。

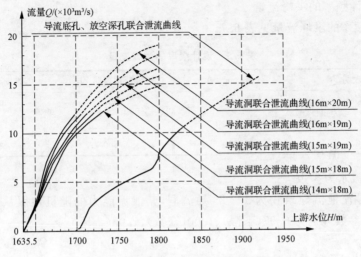

图 6.6　锦屏一级水电站泄流能力曲线

6.2.3　初期导流动态风险计算

1. 施工设计洪水资料

根据坝址实测水文资料,全年洪水平均值 $\mu = 5700\text{m}^3/\text{s}$,变差系数 $C_v = 0.29$,偏态系数 $C_s/C_v = 4.0$。

2. 导流洞泄流能力

泄流能力受多种因素影响,根据施工导流风险分析和大量水电站设计的工程实践和运行的观测分析,大型导流洞泄流能力变化的取值范围 $f = (0.97 \sim 1.05)Q$,初期导流计算认为导流洞泄流能力服从三角形分布。

6.2.4　锦屏一级水电站施工导流风险率计算成果

1. 计算说明

1)计算方案

(1)不考虑随机因素。

(2)仅考虑水文随机因素。

(3)考虑水文和水力随机因素。

2)水文统计参数

$$\mu_Q = 5700\text{m}^3/\text{s}, \quad C_v = 0.29, \quad C_s/C_v = 4.0$$

3）设计频率的洪峰流量

设计频率的洪峰流量见表 6.7。

表 6.7　设计频率的洪峰流量

设计重现期/年	流量/(m³/s)	设计重现期/年	流量/(m³/s)
20	8850	100	10900
30	9370	200	11700
50	10000	500	12800

4）泄流水力参数

初期导流泄流建筑物为 1#、2# 导流洞，其泄流能力的随机性服从三角形分布，其分布参数分别为 0.97（下限）、1.00（众数）、1.05（上限）。

2. 设计洪水计算成果

1）不考虑随机因素时初期导流计算成果

不考虑随机因素时，各设计标准洪水初期导流计算成果见表 6.8。

表 6.8　初期导流计算成果表

设计重现期/年	洪峰流量/(m³/s)	洪量/(×10⁹m³)	泄流建筑物	最高上游水位/m	最大下泄流量/(m³/s)	最大库容/(×10⁹m³)
20	8850	85.43		1680.20	8439.10	1.40
30	9370	91.09	1#＋2# 导流洞	1684.00	8900.01	1.69
50	10000	97.97	(15m×19m)	1688.70	9429.54	2.08
100	10900	107.02		1695.80	10221.85	2.77
20	8850	85.43		1683.40	8366.36	1.64
30	9370	91.09	1#＋2# 导流洞	1687.60	8824.00	1.98
50	10000	97.97	(15m×18m)	1692.50	9338.96	2.43
100	10900	107.02		1700.30	10117.32	3.25
20	8850	85.43		1687.80	8290.71	2.00
30	9370	91.09	1#＋2# 导流洞	1692.20	8722.69	2.41
50	10000	97.97	(14m×18m)	1697.60	9217.12	2.96
100	10900	107.02		1706.20	9978.83	3.95
20	8850	85.43		1677.10	8521.30	1.19
30	9370	91.09	1#＋2# 导流洞	1680.50	8984.44	1.43
50	10000	97.97	(16m×19m)	1684.70	9521.25	1.75
100	10900	107.02		1691.30	10332.66	2.32
20	8850	85.43		1674.60	8559.20	1.03
30	9370	91.09	1#＋2# 导流洞	1677.80	9032.62	1.24
50	10000	97.97	(16m×20m)	1681.80	9588.32	1.52
100	10900	107.02		1687.90	10412.72	2.01

2）考虑水文随机因素时初期导流计算成果

考虑水文随机因素时，设计重现期对应的上游水位，设计堰前水位和设计堰高对应的当量重现期见表 6.9。

表 6.9　仅考虑水文因素的随机性模拟结果表

泄流建筑物	设计重现期/年	模拟分析堰前水位/m	设计堰前水位/m	当量重现期/年	设计堰顶高程/m	当量重现期/年
1#＋2#导流洞(15m×19m)	20	1680.10	1680.05	19.9	1682.50	25.6
	30	1684.00	1683.91	29.8	1686.50	38.9
	50	1688.70	1689.08	52.3	1691.50	66.8
	100	1695.00	1695.82	109.4	1696.00	111.9
1#＋2#导流洞(15m×18m)	20	1683.40	1683.09	19.4	1685.60	24.5
	30	1687.80	1687.36	29.1	1690.00	38.1
	50	1692.60	1692.98	52.4	1695.50	67.0
	100	1698.20	1700.28	111.7	1696.00	71.0
1#＋2#导流洞(14m×18m)	20	1688.10	1687.34	18.9	1690.00	23.9
	30	1692.60	1691.95	28.5	1694.50	35.8
	50	1698.20	1698.14	49.7	1700.60	62.2
	100	1705.80	1706.24	104.5	1696.00	40.9
1#＋2#导流洞(16m×19m)	20	1676.90	1677.24	20.8	1680.00	28.5
	30	1680.50	1680.52	29.9	1683.00	40.4
	50	1684.70	1685.05	51.6	1687.60	69.7
1#＋2#导流洞(16m×20m)	20	1674.50	1674.72	20.5	1677.50	29.6
	30	1677.60	1677.94	31.3	1680.50	43.2
	50	1681.80	1682.03	51.6	1684.50	74.3

3）考虑水文和水力因素的随机性模拟成果

考虑水文和水力因素，设计重现期对应的上游水位，设计堰前水位和设计堰高对应的当量重现期见表 6.10。

表 6.10　考虑水文和水力因素随机性的模拟结果表

泄流建筑物	设计重现期/年	模拟分析堰前水位/m	设计堰前水位/m	当量重现期/年	设计堰顶高程/m	当量重现期/年
1#＋2#导流洞(15m×19m)	20	1679.80	1680.05	20.8	1682.50	26.7
	30	1683.60	1683.91	31.0	1686.50	40.5
	50	1688.30	1689.08	54.0	1691.50	70.0
	100	1694.50	1695.82	113.8	1696.00	115.5
1#＋2#导流洞(15m×18m)	20	1683.00	1683.09	20.1	1685.60	25.6
	30	1687.20	1687.36	30.5	1690.00	39.9
	50	1692.20	1692.98	54.7	1696.50	70.8
	100	1699.00	1700.28	113.5	1696.00	74.0

续表

泄流建筑物	设计重现期/年	模拟分析堰前水位/m	设计堰前水位/m	当量重现期/年	设计堰顶高程/m	当量重现期/年
1#+2#导流洞(14m×18m)	20	1687.40	1687.34	20.1	1690.00	25.5
	30	1691.80	1691.95	30.5	1694.50	38.0
	50	1697.40	1698.14	53.2	1700.60	66.4
	100	1704.80	1706.24	112.6	1696.00	43.5
1#+2#导流洞(16m×19m)	20	1676.70	1677.24	21.0	1680.00	29.8
	30	1680.00	1680.52	31.6	1683.00	43.4
	50	1684.20	1685.05	55.5	1687.60	76.0
1#+2#导流洞(16m×20m)	20	1674.20	1674.72	21.4	1677.50	31.3
	30	1677.20	1677.94	33.1	1680.50	45.4
	50	1681.30	1682.03	55.3	1684.50	76.6

各标准设计水位对应的综合风险见表 6.11。设计堰顶高程对应的综合风险见表 6.12。

表 6.11　设计水位对应随机模拟的综合风险表

泄流建筑物	设计重现期/年	设计上游水位/m	水文随机		水文水力随机	
			风险 R	P	风险 R	P
1#+2#导流洞(15m×19m)	20	1680.05	5.025%	94.975%	4.808%	95.192%
	30	1683.91	3.355%	96.644%	3.226%	96.774%
	50	1689.08	1.912%	98.088%	1.852%	98.148%
	100	1695.02	0.914%	99.086%	0.879%	99.121%
1#+2#导流洞(15m×18m)	20	1683.09	5.155%	94.845%	4.975%	95.025%
	30	1687.36	3.436%	96.564%	3.279%	96.721%
	50	1692.98	1.908%	98.092%	1.828%	98.172%
	100	1700.28	0.895%	99.105%	0.881%	99.119%
1#+2#导流洞(14m×18m)	20	1687.34	5.291%	94.709%	4.975%	95.025%
	30	1691.95	3.497%	96.503%	3.279%	96.721%
	50	1698.14	2.012%	97.988%	1.880%	98.120%
	100	1706.24	0.957%	99.043%	0.888%	99.112%
1#+2#导流洞(16m×19m)	20	1677.24	4.808%	95.192%	4.762%	95.238%
	30	1680.52	3.344%	96.656%	3.165%	96.835%
	50	1685.05	1.938%	98.062%	1.802%	98.198%
1#+2#导流洞(16m×20m)	20	1674.72	4.878%	95.122%	4.673%	95.327%
	30	1677.94	3.195%	96.805%	3.021%	96.979%
	50	1682.03	1.938%	98.062%	1.808%	98.192%

表 6.12　设计堰(坝)顶高程对应随机模拟的综合风险表

泄流建筑物	设计重现期/年	设计上游水位/m	水文随机		水文水力随机	
			风险 R	P	风险 R	P
1#+2# 导流洞 (15m×19m)	20	1682.5	3.906%	96.094%	3.745%	96.255%
	30	1686.5	2.571%	97.429%	2.469%	97.531%
	50	1691.5	1.497%	98.503%	1.429%	98.571%
	100	1696.0	0.894%	99.106%	0.866%	99.134%
1#+2# 导流洞 (15m×18m)	20	1685.6	4.082%	95.918%	3.906%	96.094%
	30	1690.0	2.625%	97.375%	2.506%	97.494%
	50	1695.5	1.493%	98.507%	1.412%	98588%
	100	1696.0	1.408%	98.592%	1.351%	98.649%
1#+2# 导流洞 (14m×18m)	20	1690.0	4.184%	95.816%	3.922%	96.078%
	30	1694.5	2.793%	97.207%	2.632%	97.368%
	50	1700.6	1.068%	98.392%	1.506%	98.494%
	100	1696.0	2.445%	97.555%	2.299%	97.701%
1#+2# 导流洞 (16m×19m)	20	1680.0	3.509%	96.491%	3.356%	96.644%
	30	1693.0	2.475%	97.525%	2.304%	97.696%
	50	1687.6	1.435%	98.565%	1.316%	98.684%
1#+2# 导流洞 (16m×20m)	20	1677.5	3.378%	96.622%	3.195%	96.805%
	30	1680.5	2.315%	97.685%	2.203%	97.797%
	50	1684.5	1.346%	98.654%	1.305%	98.695%

6.2.5　初期导流标准风险分析与讨论

1. 20 年一遇导流标准的特点

1) 15m×19m 导流洞 20 年一遇导流标准的特点

在不考虑导流系统的随机因素条件下,上游围堰水位为 1680.20m,相应水头为 53.20m(上游相应水头从河床底高程 1627.00m 起计,下同)。

考虑导流系统的随机因素时,20 年重现期对应的上游围堰水位为 1679.80m,对应水头为 52.80m;而锦屏一级水电站导流设计水位为 1680.05m,对应的导流风险率为 4.80%;设计围堰高程为 1682.50m,对应的导流风险率为 3.75%,该风险率低于(或可靠性高于)设计洪水标准。

2) 15m×18m 导流洞 20 年一遇导流标准的特点

在不考虑导流系统的随机因素条件下,上游围堰水位为 1683.40m,相应水头为 56.40m。

考虑导流系统的随机因素时,20 年重现期对应的上游围堰水位为 1683.00m,对应水头为 56.00m;锦屏一级水电站导流设计水位为 1683.09m,对应的导流风险率为 4.98%；设计围堰高程为 1685.60m,对应的导流风险率为 3.91%,该风险率低于(或可靠性高于)设计洪水标准。

3) 14m×18m 导流洞 20 年一遇导流标准的特点

在不考虑导流系统的随机因素条件下,上游围堰水位为 1687.80m,相应水头为 60.80m。

考虑导流系统的随机因素时,20 年重现期对应的上游围堰水位为 1687.30m,对应水头为 60.30m,锦屏一级水电站导流设计水位为 1687.34m,对应的导流风险率为 4.98%；设计围堰高程为 1690.00m,对应的导流风险率为 3.92%,该风险率低于(或可靠性高于)设计洪水标准。

4) 16m×19m 导流洞 20 年一遇导流标准的特点

在不考虑导流系统的随机因素条件下,上游围堰水位为 1677.10m,相应水头为 50.10m。

考虑导流系统的随机因素时,20 年重现期对应的上游围堰水位为 1676.70m,对应水头为 49.70m,锦屏一级水电站导流设计水位为 1677.24m,对应的导流风险率为 4.76%；设计围堰高程为 1680.00m,对应的导流风险率为 3.36%,该风险率低于(或可靠性高于)设计洪水标准。

5) 16m×20m 导流洞 20 年一遇导流标准的特点

在不考虑导流系统的随机因素条件下,上游围堰水位为 1674.60m,相应水头为 47.60m。

考虑导流系统的随机因素时,20 年重现期对应的上游围堰水位为 1674.20m,对应水头为 47.20m,锦屏一级水电站导流设计水位为 1674.72m,对应的导流风险率为 4.67%；设计围堰高程为 1677.50m,对应的导流风险率为 3.19%,该风险率低于(或可靠性高于)设计洪水标准。

2. 30 年一遇导流标准的特点

1) 15m×19m 导流洞 30 年一遇导流标准的特点

在不考虑导流系统的随机因素条件下,上游围堰水位为 1684.00m,相应水头为 57.00m。

考虑导流系统的随机因素时,30 年重现期对应的上游围堰水位为 1683.60m,对应水头为 56.60m;而锦屏一级水电站导流设计水位为 1683.91m,对应的导流风险率为 3.23%；设计围堰高程为 1686.50m,对应的导流风险率为 2.47%,该风险率低于(或可靠性高于)设计洪水标准。

2) 15m×18m 导流洞 30 年一遇导流标准的特点

在不考虑导流系统的随机因素条件下,上游围堰水位为 1687.60m,相应水头为 60.60m。

考虑导流系统的随机因素时,30 年重现期对应的上游围堰水位为 1687.20m,

对应水头为 60.20m；锦屏一级水电站导流设计水位为 1687.36m，对应的导流风险率为 3.28%；设计围堰高程为 1690.00m，对应的导流风险率为 2.51%，该风险率低于（或可靠性高于）设计洪水标准。

3）14m×18m 导流洞 30 年一遇导流标准的特点

在不考虑导流系统的随机因素条件下，上游围堰水位为 1692.20m，相应水头为 65.20m。

考虑导流系统的随机因素时，30 年重现期对应的上游围堰水位为 1691.80m，对应水头为 64.80m，锦屏一级水电站导流设计水位为 1691.95m，对应的导流风险率为 3.28%；设计围堰高程为 1694.50m，对应的导流风险率为 2.63%，该风险率低于（或可靠性高于）设计洪水标准。

4）16m×19m 导流洞 30 年一遇导流标准的特点

在不考虑导流系统的随机因素条件下，上游围堰水位为 1680.50m，相应水头为 53.50m。

考虑导流系统的随机因素时，30 年重现期对应的上游围堰水位为 1680.00m，对应水头为 53.00m，锦屏一级水电站导流设计水位为 1680.52m，对应的导流风险率为 3.16%；设计围堰高程为 1683.00m，对应的导流风险率为 2.30%，该风险率低于（或可靠性高于）设计洪水标准。

5）16m×20m 导流洞 30 年一遇导流标准的特点

在不考虑导流系统的随机因素条件下，上游围堰水位为 1677.80m，相应水头为 50.80m。

考虑导流系统的随机因素时，30 年重现期对应的上游围堰水位为 1677.20m，对应水头为 50.20m，锦屏一级水电站导流设计水位为 1677.94m，对应的导流风险率为 3.02%；设计围堰高程为 1680.50m，对应的导流风险率为 2.20%，该风险率低于（或可靠性高于）设计洪水标准。

3. 50 年一遇导流标准的特点

1）15m×19m 导流洞 50 年一遇导流标准的特点

在不考虑导流系统的随机因素条件下，上游围堰水位为 1688.70m，相应水头为 61.70m。

考虑导流系统的随机因素时，50 年重现期对应的上游围堰水位为 1688.30m，对应水头为 61.30m；而锦屏一级水电站导流设计水位为 1689.08m，对应的导流风险率为 1.85%；设计围堰高程为 1691.50m，对应的导流风险率为 1.43%，该风险率低于（或可靠性高于）设计洪水标准。

2）15m×18m 导流洞 50 年一遇导流标准的特点

在不考虑导流系统的随机因素条件下，上游围堰水位为 1692.50m，相应水头为 65.50m。

考虑导流系统的随机因素时,50 年重现期对应的上游围堰水位为 1692.20m,对应水头为 65.20m;锦屏一级水电站导流设计水位为 1692.98m,对应的导流风险率为 1.83%;设计围堰高程为 1695.50m,对应的导流风险率为 1.41%,该风险率低于(或可靠性高于)设计洪水标准。

3) 14m×18m 导流洞 50 年一遇导流标准的特点

在不考虑导流系统的随机因素条件下,上游围堰水位为 1697.60m,相应水头为 70.60m。

考虑导流系统的随机因素时,50 年重现期对应的上游围堰水位为 1697.40m,对应水头为 70.40m;锦屏一级水电站导流设计水位为 1698.14m,对应的导流风险率为 1.88%;设计围堰高程为 1700.60m,对应的导流风险率为 1.51%,该风险率低于(或可靠性高于)设计洪水标准。

4) 16m×19m 导流洞 50 年一遇导流标准的特点

在不考虑导流系统的随机因素条件下,上游围堰水位为 1684.70m,相应水头为 57.70m。

考虑导流系统的随机因素时,50 年重现期对应的上游围堰水位为 1684.20m,对应水头为 57.20m;锦屏一级水电站导流设计水位为 1685.05m,对应的导流风险率为 1.80%;设计围堰高程为 1687.60m,对应的导流风险率为 1.32%,该风险率低于(或可靠性高于)设计洪水标准。

5) 16m×20m 导流洞 50 年一遇导流标准的特点

在不考虑导流系统的随机因素条件下,上游围堰水位为 1681.80m,相应水头为 54.80m。

考虑导流系统的随机因素时,50 年重现期对应的上游围堰水位为 1681.30m,对应水头为 54.30m;锦屏一级水电站导流设计水位为 1682.03m,对应的导流风险率为 1.81%;设计围堰高程为 1684.50m,对应的导流风险率为 1.31%,该风险率低于(或可靠性高于)设计洪水标准。

4. 100 年一遇导流标准的特点

1) 15m×19m 导流洞 100 年一遇导流标准的特点

在不考虑导流系统的随机因素条件下,上游水位为 1695.80m,相应水头为 68.80m。

考虑导流系统的随机因素时,100 年重现期对应的上游水位为 1694.50m,对应水头为 67.50m;而锦屏一级水电站导流设计水位为 1695.82m,对应的导流风险为 0.879%;设计坝体进度最低高程为 1696.0m,对应的导流风险为 0.866%,该风险率低于(或可靠性高于)设计洪水标准,能满足风险要求。

2) 15m×18m 导流洞 100 年一遇导流标准的特点

在不考虑导流系统的随机因素条件下,上游水位为 1700.30m,相应水头为 73.30m。

考虑导流系统的随机因素时,100 年重现期对应的上游水位为 1699.00m,对应水头为 72.00m;锦屏一级水电站导流设计水位为 1700.28m,对应的导流风险为 0.881%;设计坝体进度最低高程为 1696.0m,对应的导流风险为 1.064%,不能满足风险的要求。

3) 14m×18m 导流洞 100 年一遇导流标准的特点

在不考虑导流系统的随机因素条件下,上游水位为 1706.2m,相应水头为 79.20m。

考虑导流系统的随机因素时,100 年重现期对应的上游水位为 1704.80m,对应水头为 77.80m;锦屏一级水电站导流设计水位为 1706.24m,对应的导流风险为 0.890%;设计坝体进度最低高程为 1696.00m,对应的导流风险为 2.299%,不能满足风险的要求。

5. 结论与建议

对于 20 年、30 年、50 年一遇导流标准,各尺寸下的导流洞的设计水位和设计堰顶高程可以满足风险要求;在相同的导流标准下,导流洞尺寸为 14m×18m、15m×18m 和 15m×19m 时的相应水头比导流洞尺寸为 16m×19m 和 16m×20m 时的相应水头高,对围堰的施工强度有较高的要求。对于 100 年一遇导流标准,导流洞尺寸为 15m×18m 和 14m×18m 时,相应水头较高,坝体设计进度最低高程难以满足风险控制的要求。因此采用导流洞尺寸较大的方案如 16m×19m 和 16m×20m 比较适合,可以降低围堰的施工强度,上游相应的水头较其他洞径的导流洞相应水头低,初期导流中的设计坝体进度最低高程可以满足风险要求。可根据多目标风险决策优选确定导流标准。

6.3　鲁地拉水电站土石围堰度汛风险分析

6.3.1　工程概况

1. 导流规划及其方案

鲁地拉水电站工程位于云南省大理白族自治州宾川县与丽江地区永胜县交界的金沙江中游河段上,是金沙江中游河段规划 8 个梯级电站中的第 7 级电站。上接龙开口水电站,下邻观音岩水电站。距宾川县县城 95km,距大理市公路里程 160km,距昆明市公路里程 515km。

鲁地拉水电站工程是以发电为主,兼顾灌溉等综合利用的一等大(Ⅰ)型工程。枢纽主要建筑物由拦河坝和地下厂房两大部分组成。电站总装机容量 2100MW,主坝采用碾压混凝土重力坝,坝顶高程 1228m,最大坝高 140m,坝顶长 480m,水库正常蓄水位 1223.00m,总库容 $1.693 \times 10^9 m^3$。厂房位于右岸地下,装机 2100MW(6×350MW),设尾水调压室。主体工程:土方明挖 $3.8024 \times 10^6 m^3$,石方明挖 $3.7282 \times 10^6 m^3$,石方洞挖 $2.3585 \times 10^6 m^3$,混凝土 $2.8453 \times 10^6 m^3$。

　　2. 施工导流布置

　　鲁地拉水电站上坝址枯水期水面宽 60~100m,水位约 1125~1132m,麦叉拉河口以上河谷两岸地形对称,以下不对称。两岸均属高山深谷地貌,山体雄厚,河谷深切,山峰高程均在 2000m 以上,台地、阶地较少。左岸高程 1220m 以下地形坡度为 20°~25°,高程 1220m 以上为 40°~45°,不宜采用分期导流方式。同时考虑到水工建筑物的布置特点,经研究分析,分期导流具有导流布置困难、技术难度大、导流工程费用高、工期长等技术经济问题。而坝区工程地质条件较好,具有布置大断面隧洞的条件,技术经济均较合理,所以宜采用断流围堰、隧洞导流方式。工程根据地形、地质条件,初拟导流方式为隧洞导流,汛期过水围堰方式。

　　1) 泄水建筑物

　　综合考虑初期导流和后期导流,经水力计算,确定导流洞采用城门洞型,过水断面为 16.00m×19.00m。混凝土衬砌厚度 1.50m。

　　根据坝区右岸地形地质条件和过流要求,为减小截流难度及上游临时围堰防渗墙施工平台高程,导流洞进口底板高程定为 1130.00m,出口底板高程为 1125.00m。

　　2) 挡水建筑物

　　施工导流挡水建筑物由上、下游围堰组成。

　　鉴于围堰过水次数较多,故上游主围堰堰型初拟采用碾压混凝土围堰,下游围堰采用土石围堰。碾压混凝土围堰堰顶高程按 11 月~次年 5 月 20 年一遇洪水重现期流量 2170m³/s 时,上游水位 1149.70m,考虑安全超高后确定,围堰顶高程为 1150.50m,围堰最大高度 50.00m,顶宽 8.00m,背水堰面坡度 1:0.7。

　　上游临时土石围堰使用期为一个枯水期,挡水时段为 11 月~次年 3 月,设计标准为该时段 10 年一遇最大流量 $Q = 1340m^3/s$。堰顶高程为 1147.00m。堰体采用复合土工膜防渗,基础采用高喷防渗板墙防渗。

　　下游围堰采用土石过水围堰,过水围堰采用混凝土楔形板、柔性排结合钢筋石笼、块石串等防护,围堰堰顶高程按 12 月~次年 5 月 20 年一遇流量 2170m³/s 设计时,下游水位 1136.10m,考虑安全超高后确定,围堰顶高程为 1137.50m,最大堰高 26.00m,堰顶宽度 12.00m。迎水堰面坡度均为 1:2.5,背水堰面坡度为 1:5,经 10m 宽的平台后变为 1:2。堰体采用复合土工膜防渗,基础防渗采用高喷防渗板墙。

6.3.2　上下游土石过水围堰堰坡混凝土护板的稳定性分析

　　鲁地拉水电站上游土石过水围堰堰顶高程 1151.50m,顶宽 10m,采用 0.80m

厚混凝土护坡保护,护坡下面铺设 0.50m 厚垫层。背水坡自堰顶至高程
1139.00m 为混凝土护坡溢流,坡面 1∶4.5,护板的设计尺寸为 4m×2m×0.80m,
后接坡度 1∶10 的消能平台,宽度 20m。消能平台至河床是坡度为 1∶1.5 的
1.5m 钢筋笼防护。

下游土石过水围堰堰顶高程 1138.00m,顶宽 10m,采用 1.50m 厚钢筋混凝土
面板保护。背水坡自堰顶至高程 1133.00m 为混凝土面板溢流,坡面 1∶5,护板的
设计厚度为 4m×2m×1.50m,后接消能平台,宽度 20m。消能平台至河床是坡度
为 1∶2.0 的 1.50m 块石钢筋石笼护坡。

鲁地拉水电站土石过水围堰过流保护标准为全年 5% 频率最大瞬时流量
10700m³/s,对应围堰过流量为 7098m³/s,此过堰流量并不是土石围堰的最不利流量。

一般先确定上下游土石过水围堰过水期的最不利流量,再根据模型试验的数
据,研究上下游土石过水围堰混凝土护板可能的失稳方式,并对上下游土石过水围
堰的混凝土护板进行稳定性分析,据此得出护板厚度。

1. 土石过水围堰最不利流量及其稳定性分析

1) 鲁地拉水电站汛期导流联合泄流计算(汛期)

根据鲁地拉水电站施工导流程序安排,初期导流度汛由隧洞和基坑过水联合
泄流,隧洞和基坑过水单独泄流能力表分别如图 6.7 和图 6.8 所示,联合泄流能力
曲线如图 6.9 所示。

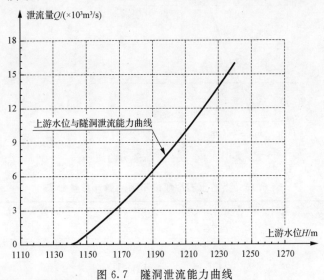

图 6.7　隧洞泄流能力曲线

2) 鲁地拉水电站汛期上游土石过水围堰最不利流量计算

从表 6.13 可以看出,下游土石围堰过水时最不利流量工况为河道来流量为
8270m³/s,对应过堰流量为 4927m³/s。

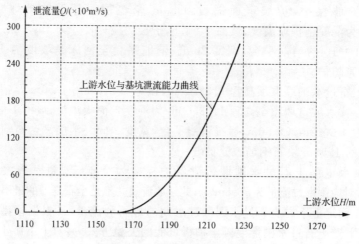

图 6.8 基坑泄流能力曲线

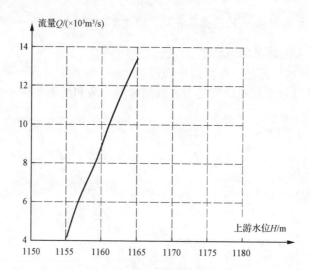

图 6.9 联合泄流能力曲线

表 6.13 上游土石围堰最不利流量计算参数表

洪水流量 /(m³/s)	过堰流量 /(m³/s)	堰上水位 /m	堰下水位 /m	落差 /m	实测流速 /(m/s)
4200	1410	1155.25	1143.75	11.5	13.8
6200	3104	1157.51	1145.41	12.1	13.9
8270	4927	1159.35	1146.55	12.8	14.0
9550	6062	1160.33	1147.83	12.5	13.5
10700	7098	1161.15	1148.75	12.4	12.5
13400	9559	1162.89	1153.29	9.6	10.9

3）最不利流量工况下上游土石过水围堰堰坡混凝土护板稳定计算

按照上述度汛计算，围堰对应的最不利过流量为 4927m³/s，根据模型试验所测数据，混凝土护板护坡坡度为 1：4.5 时，过堰最大平均流速为 14.0m/s。在此设计条件下，护板的设计厚度计算见表 6.14。为了对比起见，把相同的数据代入不考虑垫层减压效果的护板厚度计算公式，算得的护板在各种失稳方式中应达到的稳定厚度 δ_i' 也列入表中。

表 6.14　上游土石过水围堰混凝土护板厚度　　　　　　（单位：m）

计算条件	孤立状态				局部约束状态			
	浮升	滑动	倾覆	侧向倾覆	浮升	倾覆	侧向倾覆	偏心构件
不考虑垫层减压效果的护板最小厚度计算值	1.17	2.05	2.08	2.14	1.35	1.59	1.74	1.50
考虑垫层减压效果的护板最小厚度计算值	0.75	1.03	0.96	1.07	0.72	0.98	0.90	1.02

从表 6.14 中可以看出，除了在孤立状态下的抗滑、抗倾计算厚度较大外（在正常情况下，滑动失稳破坏实际上是不存在的，因为板间缝隙小，滑动板很快与其周围的板相碰撞，受约束反力的作用，会重新稳定下来。因此，设计时可以不考虑），计算结果与护板模型稳定试验表明护坡稳定临界厚度约 1.0m。

各种上游土石过水围堰溢流工况下，堰下水位均高于一级消能平台高程 1139.0m，将钢筋笼防护坡淹没下水面以下，因此，没有对二级溢流面钢筋笼稳定性进行研究。

4）鲁地拉水电站汛期下游土石过水围堰最不利流量计算

从表 6.15 可以看出，下游土石围堰过水时最不利流量工况对应河道来流量为 9550m³/s，对应过堰流量为 6062m³/s。

表 6.15　下游土石围堰最不利流量计算参数表

河道流量 /(m³/s)	过堰流量 /(m³/s)	堰上水位 /m	堰下水位 /m	落差 /m	实测流速 /(m/s)
6200	3104	1141.2	1139.4	0.8	3.6
8270	4927	1143.1	1141.0	2.1	5.7
9550	6062	1144.5	1141.8	2.7	6.3
10700	7098	1145.9	1144.5	1.4	4.2
13400	9559	1152.2	1150.7	1.5	4.3

5）最不利流量工况下下游土石过水围堰堰坡混凝土护板稳定计算

按照上述度汛计算，围堰对应的最不利过流量为 6062m³/s，根据模型试验所测数据,混凝土护板护坡坡度为 1∶5 时,过堰最大平均流速为 6.30m/s。在此设计条件下,护板的设计厚度计算见表 6.16。为了对比起见,把相同的数据代入不考虑垫层减压效果的护板厚度计算公式,算得的护板在各种失稳方式中应达到的稳定厚度 δ_i' 也列入表中。

表 6.16　护板厚度　　　　　　　　　　　　　　　（单位:m）

计算条件	孤立状态				局部约束状态			
	浮升	滑动	倾覆	侧向倾覆	浮升	倾覆	侧向倾覆	偏心构件
没有考虑垫层减压效果的护板最小厚度计算值	0.65	1.10	1.14	0.88	0.65	0.74	0.82	0.69
考虑垫层减压效果的护板最小厚度计算值	0.45	0.65	0.59	0.60	0.40	0.51	0.45	0.46

计算结果与护板模型稳定试验表明护坡厚度为 0.5m 处于临界状态。

2. 鲁地拉水电站汛期上下游土石过水围堰混凝土护板稳定性分析结论

采用上下游土石过水围堰导流,上游土石围堰最不利流量工况为河道来流量 8270m³/s,过堰流量为 4927m³/s,混凝土护坡的临界稳定厚度为 1m,建议混凝土护坡的厚度为 1.20~1.50m。

下游土石围堰最不利流量工况为河道来流量 8270~9550m³/s 之间,过堰流量为 4927~6062m³/s 之间。建议下游混凝土护板厚度为 0.60~0.80m。

6.3.3　鲁地拉水电站上游过水围堰堰脚淘刷分析

1. 上游土石过水围堰堰脚淘刷风险分析

鲁地拉水电站上游土石过水围堰堰顶高程 1151.50m,顶宽 10m,采用 0.80m 厚钢筋混凝土保护。背水坡自堰顶至高程 1139.00m 为混凝土护坡溢流,坡面 1∶4.5,护板的设计尺寸为 4m×2m×0.80m,后接坡面 1∶10、宽度为 20m 的消能平台。消能平台至河床是坡度为 1∶1.5 的 1.50m 块钢筋笼防护。

鲁地拉水电站土石过水围堰过流保护标准为全年 5% 频率最大瞬时流量 10700m³/s,对应围堰过流量为 7098m³/s,围堰采用面流消能形式。

(1)淘刷风险。各随机因素统计参数如表 6.17 所示。

表 6.17　各随机因素统计参数表

随机变量	分布类型	均值	方差
h	正态	12.8	0.28
s	正态	2.3	0.05
d	正态	0.5	0.10

采用 Monte-Carlo 法求得的淘刷风险为 20.4%。

(2) 水文风险。根据前述分析,堰脚淘刷的最不利流量为 4927m³/s,对应的来流量为 8270m³/s,此流量发生的概率即堰脚淘刷的水文风险。而 8270m³/s 的洪水为 5 年一遇,此洪水平均每年出现的概率为 20%,在两年内该洪水至少出现一次的概率为 $P_2 = 1-(1-20\%)^2 = 36\%$,即围堰两年的运行期内,堰脚淘刷的水文风险为 36%。

淘刷风险与水文风险两者相互独立,即可以得到土石过水围堰堰脚的综合淘刷风险为 7.34%。

(3) 小结。从计算结果来看,当过堰流量为 4927m³/s,对应来流量为 8270m³/s 时,对堰脚及河床的冲刷最为严重。为了防止对河床的冲刷危及堰脚的稳定,建议堰脚用钢筋石笼加固保护。

2. 上游碾压混凝土过水围堰冲坑分析

鲁地拉水电站上游碾压混凝土过水围堰堰顶高程 1151.7m,顶宽 8m,考虑碾压混凝土围堰自由跌水时对基坑的局部冲刷。根据式(4.113)对鲁地拉水电站上游碾压混凝土围堰跌水时对基坑的冲刷深度进行计算分析。

上游碾压混凝土过水围堰过流保护标准为全年 5% 频率最大瞬时流量 10700m³/s,对应围堰过流量为 7140m³/s,最大单宽流量为 8.9m²/s,基坑未充水时上下游水位差 40m,考虑不同的抗冲系数对冲刷深度进行计算。

坚硬完整的基岩,K 为 0.9~1.2,冲刷坑深度 T 为 6.80~9.00m。

坚硬但完整性较差的基岩,K 为 1.2~1.5,冲刷坑深度 T 为 9.00~11.30m。

软弱破碎、裂隙发育的基岩,K 为 1.5~2.0,冲刷坑深度 T 为 11.30~15.00m。

6.4　向家坝水电站施工导流风险分析

6.4.1　向家坝水电站一期纵向围堰堰脚冲刷风险分析

1. 工程概况

向家坝水电站装机容量 6000MW,坝顶高程 383.0m,最大坝高 161.0m,正常蓄水位库容 $5.0 \times 10^9 \text{m}^3$。枢纽工程为一等工程,一期导流建筑物为Ⅳ级,二期导流建筑物为Ⅲ级。根据规范要求,对于Ⅳ级导流建筑物,土石类围堰相应设计洪水标准为重现期 10~20 年。对于Ⅲ级导流建筑物,土石类围堰相应设计洪水标准为重现期 30~50 年。

根据向家坝水电站工程总体布置的特性、地形地质条件以及河道的水文特性

和通航要求,工程采用分期导流方式。其导流程序如下:

一期围左岸,利用第一个枯水期在左岸滩地上修筑一期土石围堰,第 1 年 12 月开始一期基坑开挖,在基坑中进行左岸非溢流坝段施工,并在其内留设二期导流所需的 5 个 10m×14m(宽×高)的导流底孔及宽 115.00m 的坝体缺口,同时修建临时船闸,由右侧束窄后的主河床泄流及通航。

导流底孔和临时船闸具备运行条件后,第 3 年 12 月进行二期主河床截流,泄水坝段左岸坝后厂房及升船机等坝段,由一期左岸非溢流坝段内设置的 5 个导流底孔及高程 280.00m、宽 115.00m 的坝体缺口泄流,临时船闸通航。

溢流坝及左岸坝后厂房自身具备挡水度汛条件后,于第 6 年 11 月开始加高左岸非溢流坝段内的缺口,同时拆除二期上下游横向围堰。至第 7 年汛前坝体可达挡全年 100 年一遇洪水位以上高程,随后继续加高,最后于第 7 年 11 月下闸封堵临时船闸和导流底孔,水库蓄水。

施工总工期 7 年,其中预备期 1 年,主体工程施工 6 年,工程完建期 2.5 年。

初步拟定向家坝水电站一期纵向围堰堰脚采用大块石护固,导流标准为全年 5%频率最大瞬时流量 28200m³/s。

2. 风险分析

风险率的计算方法很多,为了便于对比,分别采用可考虑各随机变量分布类型的 Monte-Carlo 法及 JC 法求解下游扩大和下游未扩大两个方案的风险率。

3. 计算成果

根据 Ang 和 Yen 的研究,当风险率小于 $1×10^{-3}$ 时,概率分布对结果的影响才是敏感的。假定各随机变量均服从正态分布。设计状况下各随机变量的统计特征值列于表 6.18 中。来流流速及水深为实测值。

表 6.18　设计状况下各随机变量的统计特征

随机变量	块石直径 d/m	水深 h /m	来流流速 v /(m/s)	块石密度 γ_m /(kg/m³)	修正系数 k	修正系数 α
分布类型	正态分布	正态分布	正态分布	正态分布	正态分布	正态分布
均值	1.0	—	—	2.6	0.9	1.1
C_v 值	0.2	0.32	0.32	0.18	0.15	0.15

4. 基于 Monte-Carlo 法计算成果

各导流流量下的风险率计算结果列于表 6.19 和表 6.20 中。

表 6.19　基于 Monte-Carlo 法风险率计算成果（下游未扩大）

流量 $q/(m^3/s)$	来流流速 $v/(m/s)$	水深 h/m	风险率 $P_f/\%$
9000	3.85	14.0	0.38
11000	4.65	15.0	2.05
25100	6.10	26.0	3.74
28200	6.10	29.0	2.96

表 6.20　基于 Monte-Carlo 法风险率计算成果（下游扩大）

流量 $q/(m^3/s)$	来流流速 $v/(m/s)$	水深 h/m	风险率 $P_f/\%$
9000	3.45	12.5	0.17
11000	4.50	15.0	1.47
25100	5.75	24.5	2.58
28200	5.90	27.5	2.50

5. 基于 JC 法计算成果

各级导流流量下的风险率计算结果列于表 6.21 和表 6.22 中。

表 6.21　基于 JC 法风险率计算成果（下游未扩大）

流量/(m^3/s)	来流流速 $v/(m/s)$	水深 h/m	风险率 $P_f/\%$
9000	3.85	14.0	1.03
11000	4.65	15.0	3.92
25100	6.10	26.0	8.91
28200	6.10	29.0	5.89

表 6.22　基于 JC 法风险率计算成果（下游扩大）

流量/(m^3/s)	来流流速 $v/(m/s)$	水深 h/m	风险率 $P_f/\%$
9000	3.45	12.5	0.55
11000	4.50	15.0	2.32
25100	5.75	24.5	6.94
28200	5.90	27.5	6.76

从以上计算可看出,下游扩大后围堰冲刷风险率一般比未扩大前要小;围堰冲刷风险在 4% 以内,故一期导流标准为全年 5% 最大瞬时流量 28200m³/s 在理论上是可以接受的,同时要注意纵向围堰坡脚的护固。

6.4.2　向家坝水电站二期导流风险分析

1. 方案概况

综合研究分析水文系列资料、导流建筑物的工程量、施工工期以及水文、水力等不确定性因素,初步拟定向家坝水电站二期施工导流标准为:方案 1:20 年一遇洪水标准;方案 2:30 年一遇洪水标准;方案 3:50 年一遇洪水标准。

导流标准为 20 年一遇洪峰流量 $Q_{P=5\%}=28200\text{m}^3/\text{s}$,30 年一遇洪峰流量 $Q_{P=3.3\%}=29900\text{m}^3/\text{s}$,50 年一遇洪峰流量 $Q_{P=2.0\%}=32000\text{m}^3/\text{s}$。

2. 导流设计参数

1) 坝址水位库容关系

向家坝水电站坝址处的库容水位关系数据见表 6.23。

表 6.23　坝址水位-库容曲线表

水位 /m	库容 /($\times 10^9 \text{m}^3$)	水位 /m	库容 /($\times 10^9 \text{m}^3$)	水位 /m	库容 /($\times 10^9 \text{m}^3$)	水位 /m	库容 /($\times 10^9 \text{m}^3$)
265.0	0.00	300.00	4.13	335.00	17.39	370.00	40.7
270.0	0.10	305.00	5.48	340.00	19.98	375.00	45.1
275.0	0.35	310.00	7.02	345.00	22.78	380.00	49.8
280.0	0.76	315.00	8.76	350.00	25.82	385.00	54.8
285.0	1.34	320.00	10.67	355.00	29.16	390.00	60.1
290.0	2.08	325.00	12.74	360.00	32.77	395.00	65.7
295.0	3.00	330.00	14.98	365.00	36.63	400.00	71.70

2) 设计洪水过程线

各设计频率的洪水过程线如图 6.10 所示。

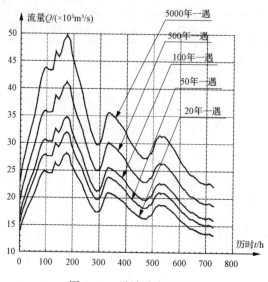

图 6.10　设计洪水过程线

3）导流建筑物泄流能力

二期导流（泄流建筑为 5 底孔＋115m 缺口）泄流能力曲线如图 6.11 所示。由于原设计数据中没有高水位、大流量对应关系，不便于使用和查取。所以需要对原泄流曲线进行延长（图中虚线部分）。

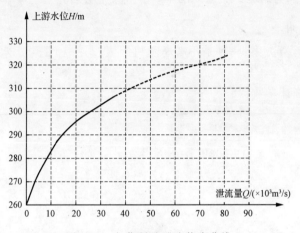

图 6.11　初期导流泄流能力曲线

3. 向家坝水电站二期导流围堰施工动态风险计算

（1）施工设计洪水资料。根据实测水文资料，实测最大流量为 29000m³/s；6 月 21 日～10 月 31 日之间洪水平均值为 17900m³/s。各施工时段设计洪水特性如表 6.24 所示。

表 6.24　施工分期设计洪水成果

分期时段	洪峰均值 /(m³/s)	C_v	C_s/C_v	设计流量/(m³/s)					
				$P=1\%$	$P=2\%$	$P=3.3\%$	$P=5\%$	$P=10\%$	$P=20\%$
1 月	1840	0.14	4	2540	2440	2360	2300	2180	2050
2～3 月	1510	0.12	4	1990	1930	1870	1830	1750	1660
4 月	1910	0.28	4	3560	3290	3090	2920	2630	2310
5 月	3250	0.32	4	6570	6020	5590	5250	4640	4000
6 月	8810	0.34	4	18500	16800	15600	14600	12800	10900
7～10 月	17900	0.30	4	34800	32000	29900	28200	25100	21800
11 月	4800	0.28	4	8960	8280	7700	7350	6600	5800
12 月	2650	0.18	4	4000	3800	3650	3520	3290	3030

（2）导流建筑物联合泄流能力。根据水电站设计的工程实践和运行的观测分析,导流建筑物泄流能力使用的三角形分布,三个分布参数取值为 $a = 0.97Q$, $b = 1.00Q$, $c = 1.05Q$。

4. 向家坝水电站施工导流风险率计算成果与分析

1）计算说明

采取两种计算方案:一种是不考虑随机因素;另一种是考虑水文和水力因素。各参数如下:

（1）水文统计参数:

分期时段	洪峰均值/(m³/s)	C_v	C_s/C_v
1 月	1840	0.14	4.00
2~3 月	1510	0.12	4.00
4 月	1910	0.28	4.00
5 月	3250	0.32	4.00
6 月	8810	0.34	4.00
7~10 月	17900	0.30	4.00

（2）设计频率的洪峰流量（单位:m³/s）:

分期时段	5.00%	3.33%	2.0%	1.0%	0.5%	0.2%	0.02%
1 月	—	2360	2440	—	—	—	—
2~3 月	—	1870	1930	—	—	—	—
4 月	—	3090	3290	—	—	—	—
5 月	—	5590	6020	—	—	—	—
6 月	—	15600	16800	—	—	—	—
7~10 月	28200	29900	32000	34800	37600	41200	49800

（3）泄流水力参数:泄流能力服从三角形分布,其三个参数分别为 0.97、1.00、1.05。

2）计算成果

（1）静态调洪演算成果（不考虑随机因素）:

导流时段	设计洪水频率	洪峰最大流量/(m³/s)	最高上游水位/m	对应下泄流量/(m³/s)
1月	3.3%	2360	270.17	2360
	2.0%	2440	270.37	2440
2~3月	3.3%	1870	270.37	2440
	2.0%	1930	270.37	2440
4月	3.3%	3090	271.99	3090
	2.0%	3290	272.48	3290
5月	3.3%	5590	277.75	5544
	2.0%	6020	278.76	5967
6月	3.3%	15600	291.84	15491
	2.0%	16800	292.92	16682
7~10月	5.0%	28200	301.59	27990
	3.3%	29900	302.73	29674
	2.0%	32000	304.08	31760

注：以上计算泄流建筑的泄流能力取值均为设计值。

（2）动态随机模拟成果：

方案 1，不考虑随机因素：

导流时段	设计洪水频率	最高上游水位/m	对应下泄流量/(m³/s)
7~10月	5.0%	300.86	27984
	3.3%	302.06	29623
	2.0%	303.48	31860

方案 2，既考虑水文，又考虑水力因素的计算成果：

抽样统计成果：

导流时段	设计洪水频率	设计频率对应上游水位/m
7~10月	5.0%	300.60
	3.3%	301.80
	2.0%	303.00

设计水位风险度：

导流时段	设计洪水频率	设计水位/m	风险率 R	保证率 P
7~10月	5.0%	301.03	4.45%	95.55%
	3.3%	302.26	2.65%	97.35%
	2.0%	303.56	1.60%	98.40%

通过以上计算分析得到如下结论：

（1）在不考虑导流系统的随机因素条件下，20 年一遇上游围堰水位为 300.86m；30 年一遇上游围堰水位为 302.06m；50 年一遇上游水位为 303.48m。

（2）同时考虑导流系统的水文及水力随机因素时，20 年一遇上游围堰水位为 300.60m，按 20 年一遇设计标准对应的风险为 4.45%；30 年一遇上游围堰水位为 301.80m，按 30 年一遇设计标准对应的风险为 2.65%；50 年一遇上游水位为 303.00m，按 50 年一遇设计标准对应的风险为 1.60%。

6.4.3　向家坝水电站二期导流标准多目标风险决策

1. 向家坝水电站二期导流标准决策的目标

由于向家坝水电站二期导流方案的围堰规模基本相同，围堰的施工工期和超载洪水发生后风险损失基本一致。因此，在进行向家坝水电站二期导流标准决策时，要在决策者能够接受的风险范围内，协调处理确定性投资和二期导流风险的均衡关系。

2. 二期导流标准决策指标的计算方法

对于向家坝水电站工程，可估算得备选的各个标准或风险度对应的确定型费用、确定型施工强度和超载洪水的风险损失。

对二期施工导流标准的所有备选方案，根据多目标风险决策模型，以正隶属度极大原则，选择二期施工导流标准及方案。

3. 二期导流标准多目标决策计算成果及其分析

1）备选导流方案的动态综合风险

根据向家坝水电站工程施工组织设计，备选导流方案 20 年一遇二期导流标准的方案 1；30 年一遇二期导流标准的方案 2；50 年二期导流标准的方案 3，对应的动态综合风险如表 6.25 所示。

表 6.25　围堰运行的综合风险率

	方案 1	方案 2	方案 3
导流标准	5.00%	3.33%	2.00%
第 1 年综合风险率	4.45%	2.65%	1.60%
第 2 年综合风险率	8.70%	5.23%	3.17%
第 3 年综合风险率	12.76%	7.74%	4.72%

2）各个导流标准下的确定型费用估算

根据向家坝水电站施工组织设计导流建筑物工程量资料,确定在多导流标准下的确定型费用如表 6.26 所示。

表 6.26　多导流标准下的确定型费用

导流方案	方案 1	方案 2	方案 3
总费用/×10⁴ 元	147466.15	148420.86	150198.84

3）不确定型总损失费用

根据向家坝水电站施工组织设计等相关资料与意见,洪水导致溃堰损失为:基坑再次抽排水费用;重修上下游围堰的费用;基坑清淤费用;工期损失导致的发电损失。不确定型总损失费用如表 6.27 所示。

表 6.27　不确定型总损失费用

导流标准	方案 1	方案 2	方案 3
总期望损失费用/×10⁴ 元	7940.75	4713.39	2888.25

4）目标权重的确定

在向家坝水电站工程中,只考虑确定型费用与不确定型费用。根据工程经验,确定型费用比不确定型费用略重要。"1～9"比率标度法参见表 5.2。判断矩阵为 $\boldsymbol{A}$:

	C	C_P
C	1	2
C_P	1/2	1

采用求和法求解得排序权重为

$$W_1 \approx 0.33, \quad W_2 \approx 0.67$$

通过多目标决策模型确定导流方案优选排序后,对于目标权重可以作敏感度分析,分析优选结果的稳定性。

5）计算分析结果

计算分析结果如表 6.28～表 6.32 所示。

表 6.28　各导流方案下的决策指标

导流标准(设计重现期)	方案 1	方案 2	方案 3
风险度 R/%	12.76	7.74	4.72
确定性费用/×10⁴ 元	147466.2	148420.9	150198.8
不确定性费用/×10⁴ 元	7922.7	4685.7	2899.4

表 6.29　施工导流标准各备选方案的决策指标分析结果

	确定型费用	不确定型费用
方案 1	147466.200	7922.726
方案 2	148420.900	4685.708
方案 3	150198.800	2899.391
$\sum$	446085.900	15507.825

表 6.30　施工导流标准各备选方案理想度计算结果

	确定型费用	不确定型费用
方案 1	0.334711	0.244557
方案 2	0.333641	0.348924
方案 3	0.331648	0.406518
$L^{(1)}(R_i,\Phi)^2$	0.000E+00	8.656E−03
$L^{(1)}(R_i,\Phi)^2$	7.672E−07	1.095E−03
$L^{(1)}(R_i,\Phi)^2$	6.285E−06	0.000E+00
$L^{(2)}(R_i,\Psi)^2$	6.285E−06	0.000E+00
$L^{(2)}(R_i,\Psi)^2$	2.661E−06	3.595E−03
$L^{(2)}(R_i,\Psi)^2$	0.000E+00	8.656E−03

表 6.31　各权重下方案隶属度对比关系

权重	μ	权重	μ	权重	μ	权重	μ	权重	μ	权重	μ
0.67	0.33	0.7	0.3	0.75	0.5	0.8	0.5	0.6	0.5	0.5	0.5
0.33	0.227	0.3	0.227	0.25	0.37	0.2	0.32	0.4	0.262	0.5	0.229
	0.67		0.7		1		0.8		0.6		0.5

表 6.32　各方案的排序表

各目标权重		方案优劣排序	备注
$\lambda_1=0.67$,	$\lambda_2=0.33$	F_3 优于 F_1 优于 F_2	
$\lambda_1=0.7$,	$\lambda_2=0.3$	F_3 优于 F_1 优于 F_2	
$\lambda_1=0.8$,	$\lambda_2=0.2$	F_3 优于 F_1 优于 F_2	排列中 F_1、F_2、F_3
$\lambda_1=0.75$,	$\lambda_2=0.25$	F_3 优于 F_1 优于 F_2	代表方案1、方案2和方案3
$\lambda_1=0.6$,	$\lambda_2=0.4$	F_3 优于 F_1 优于 F_2	
$\lambda_1=0.5$,	$\lambda_2=0.5$	F_3 等同于 F_1 优于 F_2	

通过二期导流标准风险分析,得到如下成果:

方案 1:导流标准为 20 年一遇,风险率为 4.45%。运行期间的动态风险为

$$R(1)=4.45\%, R(2)=8.70\%, R(3)=12.76\%$$

方案 2：导流标准为 30 年一遇，风险率为 2.65%。运行期间的动态风险为

$$R(1)=2.65\%, R(2)=5.23\%, R(3)=7.74\%$$

方案 3：导流标准为 50 年一遇，风险率为 1.60%。运行期间的动态风险为

$$R(1)=1.60\%, R(2)=3.17\%, R(3)=4.72\%$$

在二期导流标准风险分析的基础上，采用多目标决策技术综合分析导流系统费用和导流风险。结论是：导流方案优选排序为方案 3、方案 1 和方案 2。在进行风险决策时，目标的权重与工程建设的环境、工程特性和决策者的偏好等有关。对决策方案进行敏感性分析结果是方案 3 稳定性比较好。建议采用导流方案 3，即 50 年一遇导流标准。

6.4.4　向家坝水电站中后期导流风险分析

1. 中后期导流规划

据施工导流规划，于第 6 年 11 月开始加高左岸非溢流坝段内的缺口，同时拆除二期上下游横向围堰，由坝体挡水。坝体拦洪库容已达 $1.00\times10^9\,\mathrm{m^3}$，远大于 $0.1\times10^9\,\mathrm{m^3}$，按照《水利水电工程施工组织设计规范》(SL303—2004)有关规定，坝体施工期临时度汛洪水标准不应小于 50 年一遇，所以设计洪水标准取 100 年一遇，相应设计洪水流量为 34800$\mathrm{m^3/s}$，校核洪水标准取 200 年一遇，相应洪水流量为 37600$\mathrm{m^3/s}$。

2. 导流设计参数

向家坝水电站后期导流泄流能力数据如表 6.33 所示，泄流能力曲线如图 6.12所示。

表 6.33　后期导流泄流曲线

水位/m	下泄流量/(m³/s)	水位/m	下泄流量/(m³/s)	备注
301.1	0	317.272	26800	
301.999	4000	320.305	28700	
303.069	8000	323.588	30600	
304.585	12000	327.280	32600	斜体部分
306.455	16000	329.400	33654	数据为根
307.872	18400	331.400	34700	据泄流曲
308.843	19900	331.604	34800	线插补或
310.244	21400	349.040	44000	延长
312.167	23100	370.000	54000	
314.512	24900			

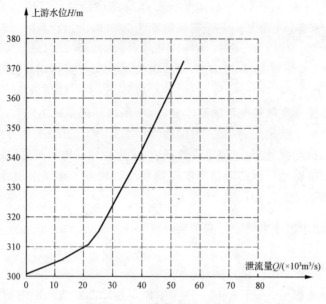

图 6.12　后期导流泄流曲线

后期导流标准风险分析原理,计算方法与初期导流风险分析相同,其计算资料和计算结果如图 6.12 所示。

3. 后期导流标准风险分析计算说明

(1)计算方案:

方案 1:不考虑随机因素。

方案 2:考虑水文和水力因素。

(2)汛期水文统计参数:

分期时段	洪峰均值/(m^3/s)	C_v	C_s/C_v
7~10 月	17900	0.30	4.00

(3)设计频率的洪峰流量:

导流标准/%	5.00	3.33	2.0
设计流量/(m^3/s)	28200	29900	32000

(4)泄流水力参数:

泄流能力比例系数服从三角形分布,参数为 $a=0.97, b=1.00, c=1.05$。

4. 设计洪水计算成果

(1)设计洪水静态调洪演算成果(不考虑随机因素):

导流时段	设计洪水频率	洪峰最大流量 /(m³/s)	最高上游水位/m	对应下泄流量/(m³/s)
7～10 月	1.00%	34800	329.35	3363.05
	0.50%	37600	334.22	3614.27

（2）动态随机模拟成果：

方案 1：不考虑随机因素：

导流时段	设计洪水频率	最高上游水位/m	对应下泄流量/(m³/s)
7～10 月	1.00%	329.35	3363.05
	0.50%	334.22	3614.27

方案 2：既考虑水文因素，又考虑水力因素。

① 抽样统计成果：

导流时段	设计洪水频率	设计频率对应上游水位/m
7～10 月	1.00%	329.00
	0.50%	333.90

② 设计水位风险度：

导流时段	设计洪水频率	设计水位/m	R	P
7～10 月	1.00%	329.35	0.94%	99.06%
	0.50%	334.22	0.49%	99.51%

5. 中后期导流标准风险分析结论与建议

（1）在不考虑导流系统的随机因素条件下，100 年一遇上游水位为 329.35m；200 年一遇上游水位为 333.90m。

（2）同时考虑导流系统的水文及水力随机因素时，100 年一遇上游水位为 329.00m，按 100 年设计对应的风险为 0.94%；200 年一遇上游水位为 334.22m，200 年设计对应的风险为 0.49%。

向家坝水电站施工中后期导流标准在第 7 年～第 8 年对应的度汛水位及其风险度能满足要求，由于设计采用的导流泄流水力参数具有一定的安全储备，在导流中如果出现意外情况，具有一定的应急能力。

6.5　观音岩水电站施工导流标准多目标决策分析

6.5.1　工程概况

观音岩水电站工程规模巨大，坝址处地质条件复杂，最大坝高约为 159m，电站装机容量 3000MW(5×600MW)。工程为大(Ⅰ)型,等别为一等。其主要建筑物:大坝、泄洪建筑物和引水发电建筑物为Ⅰ级建筑物,次要建筑物属Ⅲ级建筑物。

根据坝址的地形及地质条件,经过综合比较与判断,可研阶段推荐方案为岸边溢洪道明渠导流方案。

1. 导流时段

根据观音岩水电站工程合理工期的安排,结合导流工程的具体情况,施工导流时段划分如下:

初期导流:截流至临时坝体挡水前的时段。初期导流采用导流明渠泄流,上下围堰挡水,大坝、引水发电系统、泄洪等永久建筑物全年施工的导流方案。

中后期导流:临时坝体挡水度汛至导流泄水建筑物下闸封堵、永久泄水建筑物正常运行的时段。中后期导流采用导流底孔、双泄中孔、冲沙孔以及溢流表孔单独或联合泄流、度汛方案。

2. 导流标准

工程为一等工程,主要的水工建筑物级别为Ⅰ级。

(1)围堰高,库容大。上游围堰高约 52m,堰前拦洪库容约 $1×10^8 m^3$,运行时间 2 年。

(2)导流明渠(或导流泄水建筑物)过水断面尺寸较大,运行时间 3 年。

(3)导流工程规模较大,导流建筑物运行时间较长,按规范规定可在Ⅲ级~Ⅳ级建筑物之间选择,鉴于工程的重要性和堰前形成的库容已达到 $1×10^8 m^3$,导流建筑物保护的对象除Ⅰ级永久建筑物外,还有下游的川西工业重镇攀枝花市等重要城市,若导流工程失事将给电站的建设工期、投资等带来巨大影响,对下游攀枝花市及其重要工矿企业、交通干线等造成重大的灾害、损失。为确保主体工程安全顺利施工,满足电站第一台机组发电工期及对工程总工期的要求,经综合分析及工程类比论证,导流建筑物等级定为Ⅲ级。

初拟第 3 年 6 月~第 4 年 5 月初期导流采用围堰挡水,设计标准为 30 年一遇,相应的洪水流量为 12100m³/s;根据施工进度安排,第 4 年 6 月~第 5 年 5 月,坝体施工期挡水标准为 30 年一遇,相应的设计洪水流量为 12100m³/s;第 5 年 6 月~第 5 年 10 月,坝体施工期临时挡水度汛标准为 100 年一遇,相应的设计洪水流量为 14200m³/s;中期导流阶段坝体施工期临时挡水度汛标准为 100 年一遇,相应的设计洪水流量为 14200m³/s;后期导流期间坝体施工期临时挡水度汛标准为 200 年一遇,相应的设计洪水流量为 15400m³/s。导流程序如表 6.34 所示。

表 6.34　观音岩水电站岸边溢洪道方案主要施工导流程序表

施工时段	设计标准/%	设计流量/(m³/s)	堰顶高程、坝顶高程/m	堰坝前水位/m	泄水建筑物及泄流量/(m³/s)				备注
					导流明渠 1-45m×30m EL.1020m	导流底孔 2-6m×12m EL.1020m	泄洪中孔 冲沙孔	溢流表孔 EL.1114m	
1.1.1~2.11中旬	5	11400	堰1035	1034.01	原河床过流				一期围堰全年挡水，导流明渠施工。
3.11.1~4.5.31	5	2390	堰1056（坝1005）	1031.20	2390				导流明渠泄流。上、下游围堰挡水。
4.6.1~5.5.31	3.33	12100	堰1056（坝1058）	1053.01	12100				大坝、引水发电系统、泄洪等永久建筑物全年施工。
5.11.1~6.5.31	5	2390	坝1139	1049.19	EL.1065	2326	64		第5年11月中旬封堵导流明渠并开始明渠段混凝土浇筑，此时由导流底孔及双泄中孔泄流、冲沙孔将于第7年2月中旬导流底孔下闸时投入运行。
6.6.1~6.10.31	1	14200	坝1139	1090.08	缺口流量8513（底宽:45m）	3701	1986		第6年11月中旬1#导流孔底下闸，第7年2月中旬2#导流孔底下闸，第6年11月中旬至第7年5月31日，坝体预留缺口施工及导流底孔施工，枯期由泄洪中孔、冲沙孔堵头施工、枯期由泄洪中孔、冲沙孔等建筑物向下游供水。
7.2中旬~7.5.31	5(11月~5月)	2390	坝1139	1094.64	EL.1134	堵头施工	2390		第7年5月底首台机组发电。第8年5月底全部机组投产发电。
7.11.1以后			坝1139		永久泄水建筑物正常泄洪				

注：施工时段的内容 y.m.d 表示第 y 年 m 月 d 日。
表中缩写 EL.表示泄水建筑物进口底板高程，单位：m。

6.5.2　观音岩水电站导流标准的决策目标

在进行观音岩水电站导流标准决策时,需要在决策者能够接受的风险范围内,协调处理确定性投资、导流围堰施工进度、超载洪水发生的导流建筑物损失及发电工期损失等指标。导流标准决策的目标有:

(1) 导流建筑物投资估算(或确定型费用)。

(2) 导流建筑物最大平均施工强度(或确定型施工进度)。

(3) 超载洪水对导流建筑物及工期综合风险损失。

(4) 不同导流标准对应的风险度或风险率。

关于观音岩水电站导流超载洪水投资与工期损失的测度,将工程的损失转换为电站发电量损失(此系直接损失,未计入间接损失),将此损失综合到超载洪水对导流建筑破坏的恢复中。

6.5.3　导流标准风险决策指标的计算方法

根据 5.4 节施工导流标准多目标风险决策中的指标计算方法和工程概预算等方法来进行决策指标的计算。

6.5.4　初拟施工导流标准备选方案

施工导流作为工程建设施工的子系统,其方案优选与坝体施工进度的安排是相互影响的,必须通过对整个工程的施工系统进行全面的协调、平衡,以达到总体施工系统的稳定与优化。即要求其设计风险率和风险损失费用随着工程建设的进展逐渐降低,保持期望损失与施工进度要求均衡。但在坝体施工的某个导流时段会出现导流标准制定过高而导致工程的进度要求明显偏高,尤其在初期和中后期导流衔接导流标准发生突变时,各个导流时段的期望风险损失随着工程建设的进展发生跳跃,与水电工程施工组织要求的导流标准设计风险率和期望风险损失费用稳健降低原则不相符。

1. 基于期望效用损失均衡原则制定导流标准方案

根据工程导流溃堰发生时损失的相关资料,对截流后 5 年导流时段进行风险均衡化设计,基于期望效用损失均衡原则制定观音岩备选导流方案,在此基础上考虑决策者的风险态度拟定观音岩水电站可能采用的其他导流方案。参照施工导流设计一般方法,初步拟定观音岩水电站导流方案为截流后第 1 年 30 年一遇,截流后第 2 年 30 年一遇,截流后第 3 年 100 年一遇,截流后第 4 年 100 年一遇,截流后第 5 年 200 年一遇。

假定其效用函数为二次多项式:

$$u(x) = -ax^2 + bx + c \quad (x < \frac{b}{2a}) \tag{6.1}$$

施工导流系统效用函数的确定采用以下定解条件：

(1) 一般投资为零的时候效用也为零：

$$u(0) = 0 \tag{6.2}$$

(2) 各导流标准设计效用测定点：

$$u(x_i) = (1-a_i)u(0) + a_i u(C_i) \quad (i = 1, 2, \cdots, m) \tag{6.3}$$

式中：C_i——各导流标准的不确定损失费用；

　　　x_i——各导流标准的均衡效用点的位置。

各导流时段导流标准的属性参数列于表 6.35，得到如下效用均衡方程：

$$\begin{cases} u(x_1) = (1-3.64\%)u(0) + 3.64\% \, u(-639.25) \\ u(x_2) = (1-3.64\%)u(0) + 3.64\% u(-440.10) \\ u(x_3) = (1-1.05\%)\, u(0) + 1.05\% u(-5.65) \\ u(x_4) = (1-0.8\%)\, u(0) + 0.8\% u(-5.61) \\ u(x_5) = (1-0.39\%)u(0) + 0.39\% u(-8.57) \end{cases} \tag{6.4}$$

由效用相等原则可知其理想状态边界条件：

$$u(x_i) = \lambda \quad (i = 1, 2, 3, 4, 5) \tag{6.5}$$

水利水电工程中假定理想状态边界条件 $\lambda = -1$ 确定其效用函数 $u(x)$ 系数，联立式(5.67)和式(6.3)，由于效用均衡方程组中参数个数小于方程数，采用绝对误差和最小的方法求得的效用函数待定系数 $a = 0.0003, b = -0.3361, c = -120.1$，该施工导流系统风险损失费用的效用函数为

$$u(C) = -0.0003C^2 - 0.3361C - 120.1 \tag{6.6}$$

式中：C—导流时段的不确定型费用。

表 6.35 为拟定方案各导流时段的不确定型费用、效用损失、期望效用损失。

表 6.35　施工导流标准备选方案 1 效用损失、期望效用损失

截流后各年度对应设计标准	导流标准/%	风险率/%	不确定型费用/×10^6 元	效用损失费用	期望效用损失
第 1 年	3.3	3.64	-639.25	-27.81	-1.01
第 2 年	3.3	3.64	-440.10	-30.26	-1.10
第 3 年	1.0	1.05	-5.65	-118.18	-1.24
第 4 年	1.0	0.80	-5.61	-118.18	-0.95
第 5 年	0.5	0.39	-8.57	-117.22	-0.46

注：观音岩电站电价参照向家坝工程，为 0.25 元/(kW·h)。

期望效用损失是综合施工导流系统风险和考虑决策者风险态度后损失测度的

表达,可以用来衡量导流系统中导流标准与施工进度之间的关系。施工导流标准制定的原则是认为期望效用损失值在整个施工系统中保持一个相对均衡的状态,随着决策者对风险损失态度而变化。水电工程中导流标准一方面影响施工导流系统的风险率,另一方面影响各个导流时段的不确定损失,而期望效用风险损失可以作为衡量风险率和不确定损失的综合性指标。基于导流标准的期望效用损失均衡原则,对表 6.36 中拟定方案各导流时段的期望效用损失进行均衡性分析:将截流后第 2 年的导流标准由原来的 30 年一遇提高到 50 年一遇,期望效用损失由 -1.1 降低为 -1.0。导流标准经过调整后,得到备选方案 2,基本实现了各个导流标准的期望效用损失均衡这一原则,中后期导流标准期望效用损失逐渐减少,也反映了从中后期导流到工程完建过程中运行风险逐渐降低这一规律。表 6.36 为备选方案 2 各导流时段的不确定型费用、效用损失、期望效用损失。

表 6.36　施工导流标准备选方案 2 效用损失、期望效用损失

截流后各年度 对应设计标准	导流标准 /%	风险率 /%	不确定型费用 /×10^6 元	效用损失 费用	期望效用 损失
第 1 年	3.3	3.64	-570.61	-25.97	-0.95
第 2 年	2.0	2.04	-282.00	-49.15	-1.00
第 3 年	1.0	1.05	-5.65	-118.18	-1.24
第 4 年	1.0	0.80	-5.61	-118.20	-0.95
第 5 年	0.5	0.39	-8.57	-117.22	-0.46

　　水电工程施工过程中,决策者面对坝体可能的风险损失时,其风险态度按照风险报酬可以定义出三种类型的风险态度,即风险厌恶、风险追求和风险中立,这三种风险态度并不是截然分开或各不相关的,同一主体对于同类问题,在不同时期可能就有不同的风险态度。风险厌恶是在经济活动或社会活动中决策者普遍采用的一种风险态度。针对观音岩水电站工程的特点,将初步拟定的导流方案作为备选方案 1,根据期望效用损失均衡原则对备选方案 1 进行修改制定备选方案 2,在备选方案 1 和备选方案 2 的基础上考虑决策者风险态度为风险厌恶型或风险追求型,拟定两个备选方案,即:备选方案 3 和备选方案 4,这四个备选方案基本涵盖了观音岩水电站可能采用的各种组合导流标准方案。

　　表 6.37、表 6.38 是备选方案 3、备选方案 4 的期望效用损失表,对备选方案 3、备选方案 4 的期望效用损失进行分析可知:备选方案 3 是考虑决策者风险态度比较保守的情况下拟定的导流方案,在整个施工导流阶段其期望效用损失不均衡,截流后第 3 年期望效用损失偏高,说明其他施工阶段存在富余,造成施工中资源的浪费;备选方案 4 是考虑决策者态度是风险追求情况下拟定的导流方案,在整个施工导流阶段其期望效用损失同样不均衡,显然截流后第 1 年度汛是施工导流过程中

的薄弱环节。

表 6.37　施工导流标准备选方案 3 效用损失、期望效用损失

截流后各年度对应设计标准	导流标准/%	风险率/%	不确定型费用/×10⁶ 元	效用损失费用	期望效用损失
第 1 年	2.0	2.04	−571.07	−25.97	−0.52
第 2 年	1.0	1.05	−485.51	−27.61	−0.28
第 3 年	1.0	1.05	−5.72	−118.16	−1.24
第 4 年	0.5	0.44	−8.62	−117.20	−0.51
第 5 年	0.03	0.28	−11.57	−116.22	−0.32

表 6.38　施工导流标准备选方案 4 效用损失、期望效用损失

截流后各年度对应设计标准	导流标准/%	风险率/%	不确定型费用/×10⁶ 元	效用损失费用	期望效用损失
第 1 年	5.0	5.37	−820.79	−46.32	−2.49
第 2 年	3.3	3.64	−595.18	−26.31	−0.96
第 3 年	1.0	1.05	−5.68	−118.18	−1.24
第 4 年	1.0	0.80	−5.62	−118.20	−0.96
第 5 年	1.0	0.73	−3.57	−118.88	−0.86

表 6.39 为观音岩水电站采用期望效用损失均衡原则初步拟定的导流标准各备选方案。备选方案 2 为考虑决策者风险态度为中立型拟定的导流标准方案,备选方案 3 为考虑决策者风险态度为厌恶型拟定的导流标准方案,备选方案 4 为考虑决策者风险态度为追求型时拟定的导流标准方案。

表 6.39　观音岩施工导流标准及其方案

截流后各年度对应设计标准	不同导流标准组合			
	备选方案 1	备选方案 2	备选方案 3	备选方案 4
第 1 年	30 年一遇	30 年一遇	50 年一遇	20 年一遇
第 2 年	30 年一遇	50 年一遇	100 年一遇	30 年一遇
第 3 年	100 年一遇	100 年一遇	100 年一遇	100 年一遇
第 4 年	100 年一遇	100 年一遇	200 年一遇	100 年一遇
第 5 年	200 年一遇	200 年一遇	300 年一遇	100 年一遇

6.5.5　施工导流标准多目标决策计算成果及其分析

1. 施工导流标准各备选方案的动态综合风险

根据观音岩水电站工程施工组织设计等相关资料,对应的导流标准各备选方案动态综合风险如表 6.40 所示。

表 6.40　围堰运行的综合风险率

截流后各年度对应设计标准	综合风险率/%			
	备选方案 1	备选方案 2	备选方案 3	备选方案 4
第 1 年	3.64	3.64	2.04	5.37
第 2 年	7.15	5.61	3.07	8.81
第 3 年	8.12	6.60	4.09	9.77
第 4 年	8.86	7.34	4.51	10.49
第 5 年	9.21	7.71	4.78	11.15

2. 施工导流标准各备选方案的确定型费用 C

施工导流标准各备选方案均采用同一过流断面尺寸的明渠导流,因此,导流明渠的造价基本相同,不参与方案的比选。根据相关基础资料,导流标准各备选方案的确定型指标如表 6.41 所示。

表 6.41　施工导流标准各备选方案的确定型指标

费用/(×10⁶ 元)		备选方案 1		备选方案 2		备选方案 3		备选方案 4	
围堰填筑费用	填筑方量/(×10⁴m³)	4979.90	171.80	5979.90	206.20	7323.50	252.50	4853.60	167.40
	填筑单价/(元/m³)		29.00		29.00		29.00		29.00
基坑抽水费用		23.30		23.30		23.30		23.30	
总费用		5003.20		6003.20		7346.80		4876.90	
围堰施工确定型最大平均强度 D		23.50		23.50		26.50		23.00	

3. 不确定型总损失费用

通过对观音岩水电站施工导流方案、导流建筑物的特性分析,以及已建大型水电站导流工程类比,认为观音岩水电站若发生溃堰事件,对下游造成的洪灾损失均较大,损失的规模基本相同,认为各方案下的该损失费用基本相同,不参与方案比选。根据相关资料,洪水导致溃堰时损失费用为:基坑再次抽排水费用、重修上下游围堰的费用、基坑清淤费用、工期损失导致的发电量损失。不确定型期望总损失结果如表 6.42 所示。

表 6.42　不确定型期望总损失费用

损失费用	备选方案 1	备选方案 2	备选方案 3	备选方案 4
总期望损失费用/×10^4 元	4153.80	3162.10	1715.60	5224.70

4. 目标权重的确定

确定型费用是由挡水、泄水建筑物的施工费用及基坑的抽水费用组成,是客观发生存在的费用;不确定型费用是溃堰发生后给基坑造成的损失以及发电损失总和的期望值,是未来以一定概率发生的费用。因此,根据工程经验,确定型费用比不确定型费用略重要;围堰施工强度比围堰施工不确定型费用略重要。依据"1~9"比率标度法(参见表 5.2),判断矩阵为

	确定型费用	不确定型费用	施工强度
确定型费用	1	4	2
不确定型费用	1/4	1	1/2
施工强度	1/2	2	1

目标排序权重为:确定型费用权重 $W_1 \approx 0.5$;不确定型费用权重 $W_2 \approx 0.1$;施工强度权重 $W_3 \approx 0.4$。

5. 计算分析结果

通过多目标决策模型确定导流方案优选排序后,对于目标权重可以作敏感度分析,分析优选结果的稳定性,如表 6.43~表 6.47 所示。

表 6.43　施工导流标准各备选方案的决策指标

导流方案	备选方案 1	备选方案 2	备选方案 3	备选方案 4
确定型费用/×10^6 元	50.032	60.032	73.468	48.769
不确定型费用/×10^6 元	41.538	31.621	17.156	52.247
围堰填筑强度/(×10^3m³/月)	235	235	265	230

表 6.44　施工导流标准各备选方案的决策指标分析结果

	确定型费用/×10^6 元	不确定型费用/×10^6 元	最大平均强度/(×10^3m³/月)
备选方案 1	50.032	41.538	235
备选方案 2	60.032	31.621	235
备选方案 3	73.468	17.156	265
备选方案 4	48.769	52.247	230
$\sum$	222.301	142.562	965

表 6.45　施工导流标准各备选方案理想度计算结果

	确定型费用	不确定型费用	最大平均强度
备选方案 1	0.7846	0.7086	0.7565
备选方案 2	0.7416	0.7782	0.7565
备选方案 3	0.6837	0.8797	0.7254
备选方案 4	0.7901	0.6335	0.7617
$L^{(1)}(R_i,\Phi)^2$	1.478E−05	2.925E−03	1.074E−05
$L^{(1)}(R_i,\Phi)^2$	1.175E−03	1.029E−03	1.074E−05
$L^{(1)}(R_i,\Phi)^2$	5.652E−03	0.000E+00	5.262E−04
$L^{(1)}(R_i,\Phi)^2$	0.000E+00	6.059E−03	0.000E+00
$L^{(2)}(R_i,\Psi)^2$	5.089E−03	5.642E−04	3.866E−04
$L^{(2)}(R_i,\Psi)^2$	1.673E−03	2.093E−03	3.866E−04
$L^{(2)}(R_i,\Psi)^2$	0.000E+00	6.059E−03	0.000E+00
$L^{(2)}(R_i,\Psi)^2$	5.652E−03	0.000E+00	5.262E−04

表 6.46　目标权重条件下的施工导流标准各备选方案正隶属度对比关系

W			μ			
确定型费用	不确定型费用	最大平均强度	备选方案 1	备选方案 2	备选方案 3	备选方案 4
0.50	0.10	0.40	0.672	0.652	0.495	0.505

表 6.47　施工导流标准各备选方案排序表

各目标权重	方案优劣排序 (F_1 表示备选方案 1；F_2 表示备选方案 2； F_3 表示备选方案 3；F_4 表示备选方案 4)
$W_1=0.50, W_2=0.10, W_3=0.40$	方案 F_1 优于 F_2 优于 F_4 优于 F_3

6. 结论

1) 施工导流标准各备选方案优选参数

通过对观音岩水电站的导流标准多目标风险决策分析,各备选方案参数如下:
备选方案 1 的大坝施工期间的动态综合风险为

$R(1)= 3.64\%, R(2)= 7.15\%, R(3)= 8.12\%, R(4)= 8.86\%, R(5)= 9.21\%$

备选方案 2 的大坝施工期间的动态综合风险为

$R(1)= 3.64\%, R(2)= 5.61\%, R(3)= 6.60\%, R(4)= 7.34\%, R(5)= 7.71\%$

备选方案 3 的大坝施工期间的动态综合风险为

$R(1)= 2.04\%, R(2)= 3.07\%, R(3)= 4.09\%, R(4)= 4.51\%, R(5)= 4.78\%$

备选方案 4 的大坝施工期间的动态综合风险为

$R(1)=5.37\%,R(2)=8.81\%,R(3)=9.77\%,R(4)=10.49\%,R(5)=11.15\%$

2）施工导流标准方案多目标决策结果与分析

采用特征向量法对确定型费用、不确定型费用以及施工强度等评价指标权重进行求解,在导流标准风险分析的基础上,采用多目标决策技术综合分析导流系统确定型费用、不确定型费用、施工强度和运行的动态风险,采用期望效用损失均衡原则对施工导流过程中的导流风险进行设计优化,并考虑决策者可能的风险态度建立施工导流标准方案集,通过构建的施工导流标准多目标决策模型对拟定的备选方案集进行分析,得到排序结果为:备选方案 1 略优于备选方案 2;备选方案 1 和备选方案 2 优于备选方案 4;备选方案 1、备选方案 2、备选方案 4 优于备选方案 3。

导流方案优选排序表明导流备选方案 1 和备选方案 2 结果接近,备选方案 1 略好,即:截流后第 1 年 30 年一遇、截流后第 2 年 30 年一遇、截流后第 3 年 100 年一遇、截流后第 4 年 100 年一遇、截流后第 5 年 200 年一遇。通过各个方案之间的正隶属度值比较可以看出,备选方案 1 可作为推荐导流方案。

水利水电工程施工导流方案的选择实际上受到很多不确定因素的影响,与坝体施工进度安排是相互影响的,上述导流方案的多目标决策分析均是在认为坝体施工进度满足的要求下进行的。在进行风险决策时,坝体施工进度安排的改变会使决策结果随之改变。

6.5.6　施工导流标准风险多目标决策分析的结论

1. 施工导流标准风险分析

1）初期导流标准

初期导流设计标准为 30 年一遇,在不考虑导流系统的随机因素条件下,围堰上游水位 1052.95m。

考虑导流系统的随机因素时,30 年重现期对应的上游围堰水位为 1053.28m;而观音岩水电站 30 年一遇导流设计水位为 1053.01m,对应的导流风险率为 3.64%。

2）中后期导流标准

中后期导流设计标准为 100 年一遇,在不考虑导流系统的随机因素条件下,第 5 年度汛时围堰上游水位 1056.65m。第 6 年度汛时围堰上游水位 1089.39m。

考虑导流系统的随机因素时,第 5 年度汛时 100 年重现期对应的上游围堰水位为 1056.85m;第 6 年度汛时 100 年重现期对应的上游围堰水位为 1089.4m;而观音岩水电站 100 年一遇导流设计水位分别为 1056.72m 和 1090.08m,分别对应的导流风险率为 1.05％和 0.64％。

　　2. 施工导流标准多目标决策

　　采用期望效用损失均衡原则对施工导流过程中的导流风险进行设计优化,拟定考虑决策者风险态度的导流方案。在导流标准风险分析的基础上,采用多目标决策技术综合分析导流系统确定型费用、不确定型费用、施工强度和施工导流期间的动态风险。导流方案的优选结果推荐导流方案 1,即:截流后第 1 年 30 年—遇、截流后第 2 年 30 年—遇、截流后第 3 年 100 年—遇、截流后第 4 年 100 年—遇、截流后第 5 年 200 年—遇。

6.6　江坪河水电站施工导流土石围堰溃堰分析

6.6.1　工程概况

　　江坪河水电站位于澧水支流溇水上游,坝址在湖北省恩施自治州鹤峰县境内,距离走马镇 15km。工程开发任务以发电为主,兼有防洪、养殖、旅游等综合效益。

　　水库正常蓄水位 470.00m,相应库容 $12.56×10^8 m^3$,死水位 427.00m,相应库容 $5.78×10^8 m^3$,库容系数 0.265,具有多年调节性能。电站总装机容量 450MW,保证出力 68.3MW,多年平均发电量 $9.64×10^8 kW·h$。

　　枢纽主要由面板堆石坝、左岸坝后地面厂房、右岸泄洪隧洞、右岸隧洞式溢洪道等组成。堆石坝坝顶高程 476.00m,坝顶长度 414.00m,上、下游坝坡均为1∶1.4。

　　工程施工采用隧洞导流方式,导流隧洞布置在右岸,导流洞全长 1387.40m,为城门洞型,过流断面为 12m×15m。上下游为土石不过水围堰,属于Ⅳ级临时建筑物。围堰覆盖层以上的高度约 59m,蓄满水后库容超过 $70×10^6 m^3$,一旦失事将对下游造成重大损失。

　　1. 施工导流

　　1) 导流阶段
　　江坪河水电站工程施工导流共分 3 个阶段。

　　(1) 初期导流阶段。2008 年 11 月截流后至 2009 年汛前,在上下游土石围堰挡水保护下,基坑内主要进行坝基开挖、大坝填筑,导流洞过流。

　　(2) 中期导流阶段。2009 年汛期至 2012 年 1 月底,由大坝自身挡水,导流洞过流。

　　(3) 后期导流阶段。2012 年 2 月初,导流洞下闸封堵,堵头施工期内,由泄洪放空洞过流。

2）施工导流标准

（1）上下游土石不过水围堰挡水标准采用全年 20 年一遇洪水,相应洪峰流量 5100m³/s。

（2）2009 年汛期,围堰挡水,度汛洪水标准采用 20 年一遇,相应洪峰流量 5100m³/s。

（3）2010 年、2011 年汛期,大坝自身挡水,临时度汛洪水标准采用 200 年一遇,相应洪峰流量 7620m³/s。

3）围堰断面设计

上游土石不过水围堰轴线距坝轴线平均距离为 505m。

堰顶高程 349.40m,堰顶长度 155.267m,堰顶宽度 6.00m,最大堰高 59.40m。上游侧边坡坡度 1:2.5,高程 304.50m 平台宽度 13.00m,高程 304.50m 平台以下坡度约 1:2.0。下游侧边坡坡度 1:1.8,分别在高程 290.00m、310.00m、330.00m 位置设置马道,马道宽 2.50m,高程 290.00m 平台以下坡度 1:2.0。

由于围堰高度较大,且覆盖层基础具有中等压缩性的特点,为防止围堰挡水期下游基础受挤压变形产生失稳破坏,围堰下游坡脚以上覆盖层需要清除并置换块石,坡脚上游清除长度 40m,开挖坡度约 1:2,坡脚以下的覆盖层连同坝基开挖进行。置换区与原始河床淤泥质层接触面上,按反滤原则设置反滤层,层厚 3m,防止覆盖层出现管涌破坏。

围堰基础采用塑性混凝土防渗墙防渗,墙体厚度 1.2m。防渗墙下部伸入基岩 1m 左右,墙顶高程 303.50m。该工程 2008 年 11 月截流,防渗墙施工平台按抵御 11 月份 10 年一遇流量 485m³/s 设计,平台高程 303.50m。

围堰高程 303.50m 以上堰体采用斜墙复合土工膜防渗。复合土工膜与防渗墙采用加混凝土盖帽的连接形式,盖帽混凝土顶高程 304.50m。土工膜与岸坡的接头采用螺栓连接,土工膜通过螺栓固定在两岸趾板混凝土面上。

6.6.2　溃堰洪水演进计算基本资料

1. 施工导流设计资料

江坪河工程施工导流共分 3 个阶段:

（1）初期导流阶段。2008 年 11 月截流后至 2009 年汛前,在上下游土石围堰挡水保护下,基坑内主要进行坝基开挖、大坝填筑,导流洞过流。

（2）中期导流阶段。2009 年汛期至 2012 年 1 月底,由大坝自身挡水,导流洞过流。

（3）后期导流阶段。2012 年 2 月初,导流洞下闸封堵,堵头施工期内,由泄洪放空洞过流。

施工导流标准：

（1）上下游土石不过水围堰挡水标准采用全年 20 年一遇洪水，相应洪峰流量 5100m³/s。

（2）2009 年汛期，围堰挡水，度汛洪水标准采用 20 年一遇，相应洪峰流量 5100m³/s。

（3）2010 年、2011 年汛期，大坝自身挡水，临时度汛洪水标准采用 200 年一遇，相应洪峰流量 7620m³/s。

2. 水文资料

江坪河水电站坝址处设计洪水计算成果如表 6.48～表 6.50 所示。

表 6.48　坝址全年不同频率最大流量表

频率 P/%	流量/(m³/s)	频率 P/%	流量/(m³/s)	频率 P/%	流量/(m³/s)
50	2270	5	5100	1	6880
20	3470	3.33	5550	0.5	7620
10	4300	2	6120	0.2	8600

表 6.49　水库库容与坝前水位关系表

水位 H/m	库容 W/(×10⁸m³)	水位 H/m	库容 W/(×10⁸m³)	水位 H/m	库容 W/(×10⁸m³)
295	0	325	0.23041	355	0.88656
300	0.00655	330	0.30356	360	1.05252
305	0.03356	335	0.38684	365	1.23910
310	0.07112	340	0.48704	370	1.44654
315	0.11546	345	0.60605	375	1.67605
320	0.16782	350	0.73965	380	1.92746

表 6.50　导流洞出口处水位流量关系曲线表

水位 H/m	流量 Q/(m³/s)	水位 H/m	流量 Q/(m³/s)	水位 H/m	流量 Q/(m³/s)
289.50	7.0	296.00	1040.0	302.50	3760.0
290.00	18.2	296.50	1190.0	303.00	4050.0
290.50	40.7	297.00	1340.0	304.00	4360.0
291.00	77.8	297.50	1500.0	305.00	4680.0
291.50	139.0	298.00	1670.0	306.00	5010.0
292.00	216.0	298.50	1860.0	307.00	5360.0
292.50	299.0	299.00	2060.0	309.00	6130.0
293.00	385.0	299.50	2260.0	310.00	6970.0
293.50	474.0	300.00	2480.0	311.00	7890.0
294.00	566.0	300.50	2710.0	312.00	8810.0
294.50	666.0	301.00	2960.0	313.00	9730.0
295.00	781.0	301.50	3210.0	314.00	10700.0
295.50	909.0	302.00	3480.0		

3. 计算参数

1）糙率参数

根据水工模型试验资料,江坪河下游段河道糙率一般为 0.032～0.035。

2）计算断面

从江坪河水电站坝址到江垭水电站坝址距离为 94.53km,共设 50 个计算断面,断面编号从上游向下游编号,河床轴线距离从坝址向下游计算。江坪河水电站坝址位置对应第 1 号断面,河床轴线距离为 0;淋溪河水电站下坝址下线对应第 21 号断面,对应河床轴线距离为 20641.0m;江垭水电站坝址对应第 50 号断面,对应河床轴线距离为 94526.0m。根据河床地形数据,江坪河水电站、淋溪河水电站、江垭水电站坝址处深泓点高程分别为 289.20m、217.48m、125.00m。

3）溃口宽度

土石围堰的溃决过程是水流与堰体相互作用的一个复杂的过程。到目前为止,溃堰的溃决机理还不是十分清楚。一般而言,土石围堰的溃口宽度及底高程与坝体的材料、施工质量及外力如地震等因素有关。在具体计算时,溃口尺寸一般根据实验和实测资料确定。

根据给定资料,计算出正常挡水条件下溃堰口门宽度为 119.86m,超标洪水位溃堰口门宽度为 149.23m。

4）溃堰洪水过程

按照前述溃堰洪水计算的基本原理,先计算溃堰洪峰流量,再计算溃堰洪水流量过程,得到正常挡水条件下突溃、正常挡水条件下渐溃和超标洪水条件下突溃三种工况下的溃堰洪水过程,如图 6.13 所示。

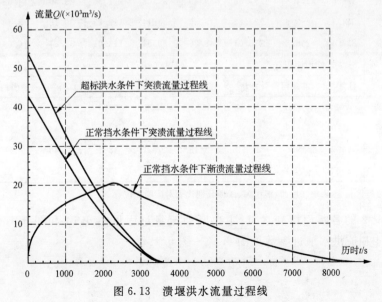

图 6.13　溃堰洪水流量过程线

4. 计算方案

溃堰洪水过程分三种工况：正常挡水条件下突溃、正常挡水条件下渐溃和超标洪水条件下突溃。下游出流受到江垭水库影响，认为溃堰洪水全部拦蓄在江垭水库，不泄流。为了便于将溃堰洪水与 20 年一遇洪水过程相比较，由此组成 4 个计算方案。工况说明如表 6.51 所示。

表 6.51　江坪河溃堰计算工况表

序号	工况名	简称
1	20 年一遇洪水	20 年一遇
2	围堰正常水位突溃	正常突溃
3	围堰正常水位渐溃	正常渐溃
4	围堰超标洪水突溃	超标突溃

6.6.3　溃堰洪水演进计算成果

下游江垭大坝建设后，江坪河溃堰洪水演进主要参数见表 6.52。

表 6.52　江垭大坝建设后溃堰洪水演进主要参数表

洪水说明	水位/m			水深/m			壅高/m		
	江坪河	淋溪河	江垭	江坪河	淋溪河	江垭	江坪河	淋溪河	江垭
20 年一遇	304.59	240.13	236.00	15.39	22.65	111.00	—	—	—
正常突溃	328.09	254.81	237.85	38.89	37.33	112.85	23.50	14.68	1.85
正常渐溃	334.75	255.62	237.73	45.55	38.14	112.73	30.16	15.49	1.73
超标突溃	337.40	256.82	238.01	48.20	39.34	113.01	32.81	16.69	2.01

洪水说明	断面面积/m²			流量/(m³/s)			流速/(m/s)		
	江坪河	淋溪河	江垭	江坪河	淋溪河	江垭	江坪河	淋溪河	江垭
20 年一遇	709	839	21424	5100	5100	5100	7.20	6.08	0.24
正常突溃	2179	1869	21957	42355	15887	1790	19.44	8.50	0.08
正常渐溃	2657	1936	21922	38415	17972	1801	14.46	9.29	0.08
超标突溃	2887	2051	22002	53190	19524	1797	18.43	9.52	0.08

注：为简化表达，表中江坪河、淋溪河、江垭分别代表对应断面位置。

工况 2 的各断面最高水位，主要断面流量过程见图 6.14 和图 6.15。工况 3 和工况 4 相应洪水演进参数见图 6.16～图 6.19。

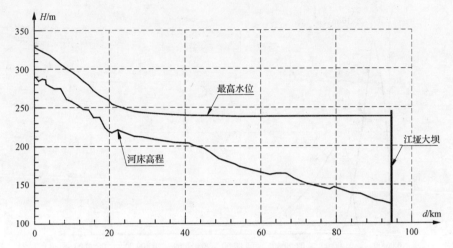

图 6.14　正常挡水位围堰突溃洪水各断面的最高水位图

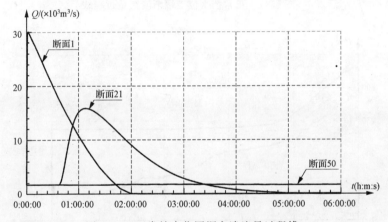

图 6.15　正常挡水位围堰突溃流量过程线

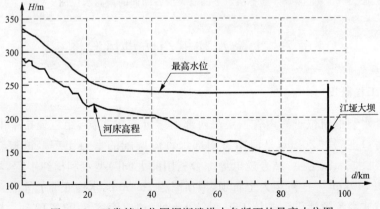

图 6.16　正常挡水位围堰渐溃洪水各断面的最高水位图

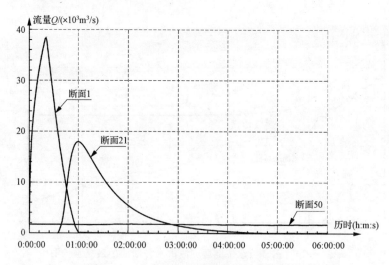

图 6.17　正常挡水位围堰渐溃流量过程线

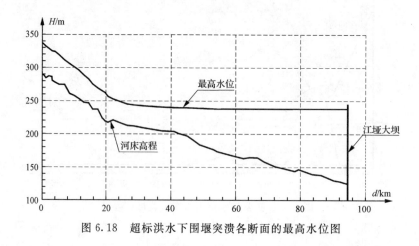

图 6.18　超标洪水下围堰突溃各断面的最高水位图

6.7　大隆水利枢纽防洪风险图

6.7.1　工程概况

　　大隆水利枢纽位于海南省三亚市西部的宁远河中下游,距三亚市 56km,距宁远河入海口港门村 20km,是海南省南部水资源调配的重点工程。该枢纽是一个以防洪、供水、灌溉为主,结合发电等综合利用的大(Ⅱ)型水利枢纽工程,坝址以上集水面积 749km²。拦河坝为土石坝,坝顶高程 76.50m,水库正常蓄水位 70.00m,采用开敞式溢流道泄洪。主体工程为 2 级土坝,相应库容 3.93×10⁹m³,校核洪水

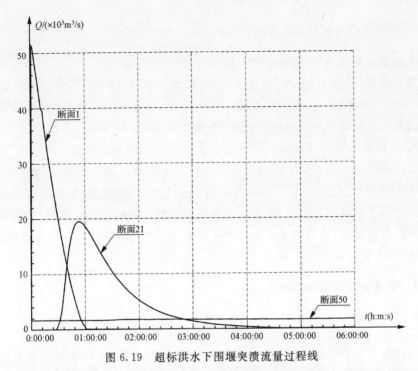

图 6.19　超标洪水下围堰突溃流量过程线

位 74.58m,相应库容 $4.68 \times 10^9 m^3$。水库主要建筑物设计洪水标准为 100 年一遇,校核洪水标准为 2000 年一遇。下游防洪保护区包括南滨农场和崖城镇等,防洪标准为 20 年一遇,防洪控制断面安全泄量为 $1760 m^3/s$。

1. 下游防洪状况

　　宁远河是三亚市境内最大的河流,地处热带海洋季风气候区,该河上中游河床坡陡,洪水暴涨暴落,下游河床狭窄,行洪能力很低,防洪能力不足 2 年一遇。大隆防洪保护区内的重要设施如铁路和国防公路目前防洪标准仅为 10 年一遇。宁远河下游平原地区不仅是三亚市的粮食、果菜、水产生产基地,而且也是中国良种繁育和种子生产基地。目前该地区基本未设防,台风暴雨常造成平原地区洪水泛滥,给下游城镇人民生命财产带来很大损失,严重影响国家南方良种繁育基地和高效热带农业的生产发展,威胁环岛高速公路、国防公路、铁路以及 220kV 输电线路等重要基础设施的安全。历史上 1927 年、1946 年、1971 年、1995 年,曾发生过大洪水,城镇内水深达 2m,数万人受灾,损失严重。随着当地经济的快速发展,解决防洪问题愈显重要,迫切要求大隆水利枢纽承担该地区的防洪任务。大隆水利枢纽建成后,可使下游城乡的防洪能力由现状的不足 2 年一遇提高到国家防洪标准 20 年一遇,将铁路和国防公路由现状的 10 年一遇提高到 20 年一遇,可改善其他重要基础设施的防洪条件。

2. 下游主要保护对象及其经济状况

大隆水利枢纽位于宁远河下游,防洪保护区包括崖城镇、南滨农场和中国南方良种繁育基地,人口 7.13 万,房屋 1 万余间,耕地 6.7 万亩。其中农业科研基地 0.7 万亩、良种繁育基地 3 万亩、虾塘 3500 亩,还有三亚至八所铁路(以后接通粤海铁路)、海南岛西线高速公路、海榆西线国防公路、南海油气田天然气管道、海南省 220kV 输电线等重要设施。2001 年防洪保护区国内生产总值 4.84×10^8 元,占三亚市国内生产总值的 21.5%;粮食总产量 1.6×10^4 t,占三亚市的 22.4%;瓜菜产量 13.8×10^4 t,占三亚市的 64.2%。据三亚市 2010 年规划,崖城镇以下宁远河左岸为南山工业区的一部分,宁远河下游将发展成为港口、工业、能源、旅游观光度假、农业、良种繁育、良种种子生产、北运瓜菜、工贸、水产加工、水产养殖的基地。规划人口 10 万人以上。

6.7.2　防洪图编制基本资料

1. 地形资料

在原有大隆水库及坝址下游二维地形图的基础上,将等高线根据其高程赋予其 Z 坐标,形成真正意义上的三维等高线图。可以导入 ArcGIS,利用其生成数字地面模型,并进行一系列的空间、水文分析。大隆坝址附近区域的地形情况如图 6.20 所示。

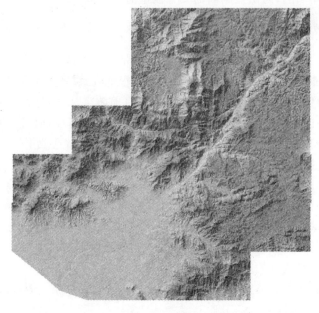

图 6.20　水库坝址下游可能淹没范围高程分布图

2. 洪水演进资料

主要分析各种洪水经过下游河道下泄时,下游各处对应的水位、水深和流速等水力要素指标。由于该工程距离入海口不到 20km,其中下游部分 15km 地势平缓,因此海潮对行洪和下游水位可能带来显著的影响。由此,根据目前的潮汐调查资料,拟定计入潮汐影响(最不利)和不计入潮汐影响两个计算方案。

1) 正常洪水演进计算数据

正常洪水演进计算数据如表 6.53、表 6.54 所示。

表 6.53　入海口水位为 0 时设计洪水河槽水位表

$P/\%$	溢洪道下泄量 $Q_{泄}/(\text{m}^3/\text{s})$	坝下设计水位 $Z_{下}/\text{m}$	坝下计算水位 $Z_{坝}/\text{m}$	崖城大桥计算水位 $Z_{崖}/\text{m}$
0.05	8850	23.85	24.48	7.18
0.5	6500	—	23.12	6.92
1	6100	21.76	22.81	6.85
2	5887	21.58	22.65	6.81
5	1660	17.43	17.93	4.72
10	1200	—	17.04	4.29
20	1010		16.60	4.06

表 6.54　入海口水位为 1.28m 时设计洪水河槽水位表

$P/\%$	溢洪道下泄量 $Q_{泄}/(\text{m}^3/\text{s})$	坝下设计水位 $Z_{下}/\text{m}$	坝下计算水位 $Z_{坝}/\text{m}$	崖城大桥计算水位 $Z_{崖}/\text{m}$
0.05	8850	23.85	23.66	8.21
1	6100	21.76	21.75	7.46
2	5887	21.58	21.58	7.41
5	1660	17.43	17.45	4.81

注:入海口水位 1.28m 是 100 年一遇高潮位。

2) 溃坝洪水计算数据

(1) 水深。根据计算,水库意外溃决洪水演进过程中各个断面的最高水位如图 6.21 所示。

溃坝洪水下泄过程中,坝趾处最高水位为 35.1m,对应河道水深为 21.3m(根据水位流量关系曲线,河床基础高程为 13.8m),南滨铁路桥位置最高水位为 11.7m,崖城大桥位置最高水位 9.55m,入海处最高水位为 5.6m。

(2) 流量。洪峰最大流量为 66825.4 m^3/s,由于大隆水利枢纽工程下游河段起始部分为峡谷地形,因此,洪水下泄过程中流量衰减较慢、较少;经过峡谷出口

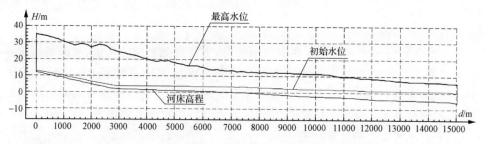

图 6.21　水库溃决洪水下各个断面的最高水位图

后,即坝址下游 4000～4500m 后,地形明显变缓,因此河槽滞蓄作用明显,到达南滨铁路桥断面时,洪峰数值为 62214.2 m³/s,减少了 4611.2 m³/s;崖城大桥位置的最大流量为 60593 m³/s,而到达入海口断面时,最大流量减少到 58415.6 m³/s。水库溃坝洪水过程线见图 6.22,下游主要断面的洪水过程见图 6.23。

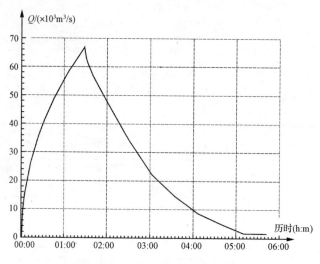

图 6.22　水库溃坝洪水过程线

(3) 洪水演进过程。坝趾处的洪水过程就是前面推求的溃坝洪水过程,经过河槽的调蓄和阻滞作用后在下泄过程中,洪峰逐渐减小,洪水历时逐渐加长,洪峰位置逐渐延后。各个主要断面的水位过程线如图 6.24 所示。

洪水在峡谷地段基本没有滞蓄,最大水位出现的时间从坝趾断面的 01 时 28 分 20 秒至峡谷出口断面的 01 时 32 分 34 秒,基本没有变化。进入平原地区后由于平原地区的调蓄作用,流速明显降低,洪峰流量明显减小,时间滞后,到达南滨铁路桥所在断面最大流量出现的时间为 01 时 44 分 40 秒,与坝趾处最大流量出现相差 16 分 20 秒(980s)。宁远河入海口断面出现最大流量的时间更加延后为 02 时 02 分 55 秒,与坝趾处最大流量出现相差 30 分 21 秒(1821s)。

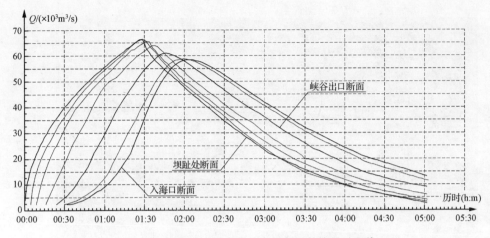

图 6.23　水库溃决洪水演进主要断面的流量过程线

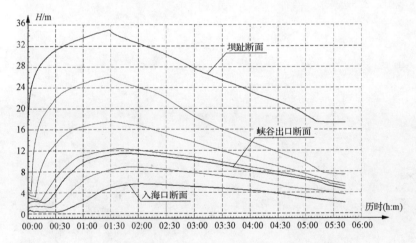

图 6.24　水库溃决洪水下主要断面的水位过程线

3. 水库防洪风险图

根据各标准洪水演进计算数据和溃坝洪水演进计算数据,将不同洪水的淹没范围等水力要素按照《洪水风险图编制导则》编制成水库下游洪水淹没风险图,如图 6.25 所示;将溃坝洪水最大淹没范围等水力要素和水深与航拍照片综合编制成溃坝洪水下游淹没水深示意图,如图 6.26 所示;将溃坝洪水最大淹没范围等水力要素、行政区图和地面高程图及溃坝应急预案有关信息编制成溃坝洪水风险图,如图 6.27 所示。

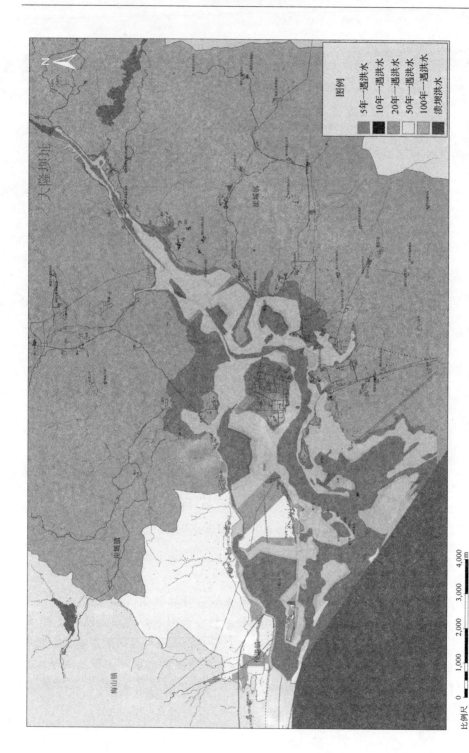

图 6.25　水库下游洪水淹没风险图

图 6.26　水库溃决洪水下游淹没水深示意图

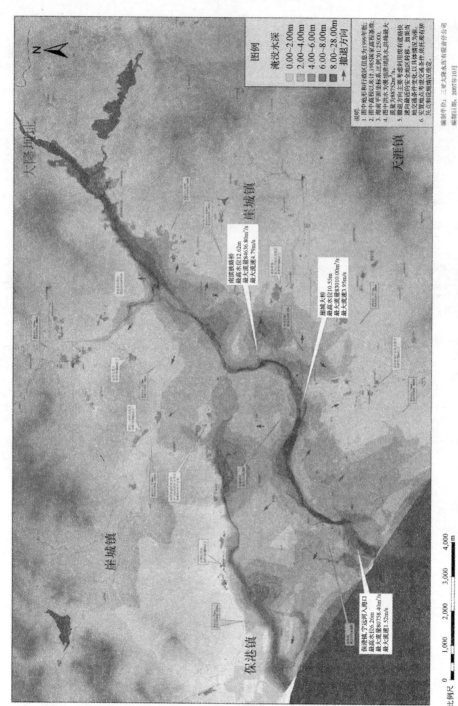

图 6.27　水库溃坝洪水淹没风险图

参 考 文 献

戴会超,胡昌顺,朱红兵.2005.施工导截流理论与科技进展[J].水力发电学报,(4):78-83.

方德斌,王先甲,胡志根.2003.过水围堰施工导流联合泄流管理决策支持系统[J].中国工程科学,(1):62-68.

付克斌,侯杰,陈祖森.1996.过水土石围堰下有坡砼楔形护板的稳定分析[J].西北水资源与水工程,(3):33-38.

胡建明,胡志根,杨学红等.2003.土石过水围堰过水期最不利工况及其流量确定[J].水动力学研究与进展(A辑),(3):266-270.

胡四一,谭维炎.1989.用TVD格式预测溃坝洪水波的演进[J].水利学报,(7):1-11.

胡志根,范锡峨,刘全等.2006.施工导流系统综合风险分配机制的设计研究[J].水利学报,(10):1270-1277.

胡志根,胡建明,李燕群.2003.过水土石围堰下游护坡的溢流设计风险率模型[J].水科学进展,(5):622-625.

胡志根,刘全,贺昌海等.2002.基于Monte-Carlo方法的土石围堰挡水导流风险分析[J].水科学进展,(5):634-638.

胡志根,刘全,贺昌海等.2001.水利水电工程施工初期导流标准多目标风险决策研究[J].中国工程科学,(8):58-63.

胡志根,肖焕雄,谢培忠.2000.小湾大坝建设工期的可能性研究[J].武汉水利电力大学学报,(1):1-4.

黄金池,何晓燕.2006.溃坝洪水的统一二维数学模拟[J].水利学报,(2):222-226.

黄振平,萨迪伊,王春霞等.2002.关于适线法中经验频率计算公式的对比研究[J].水利水电科技进展,(5):5-7.

姜树海,范子武.2004.水库防洪预报调度的风险分析[J].水利学报,(11):102-107.

姜树海.1994.随机微分方程在泄洪风险分析中的运用[J].水利学报,(3):1-9.

姜树海.1993.水库调洪演算的随机数学模型[J].水科学进展,(4):294-300

靳鹏,胡志根,刘全.2006.施工过程仿真的网络进度计划优化分析[J].水电能源科学,24,(3):42-45.

李爱华,刘沛清.2005.脉动压力在消力池底板缝隙传播的瞬变流模型和渗流模型统一性探讨[J].水利学报,(10):1236-1240.

李燕群,胡志根,肖群香等.2003.土石过水围堰溢流工况判别模式研究[J].水电能源科学,(3):49-50.

刘全,胡志根,李燕群等.2003.土石过水围堰下游混凝土板护坡反滤层的可靠性分析[J].武汉大学学报,(5):42-46.

马吉明,梁海波,梁元博.1999.城门洞形及马蹄形过水隧洞的临界水流[J].清华大学学报(自然科学版),(11):32-34.

毛昶熙.1989.闸坝泄流局部冲刷问题(八)——局部冲刷公式综述[J].人民黄河,(6):64-67.

陈凤兰,王长新.1996.施工导流风险分析与计算[J].水科学进展,(4):361-366.

米子明,钟登华,刘东海.2001.导流泄水建筑物泄流可靠性分析[J].天津大学学报(自然科学与工程技术版),(2):154-157.

孙志禹.1996.过水围堰初期导流工期风险率计算模型[J].水电能源科学,(3):176-181.

唐晓阳.1994.不过水围堰隧洞导流方案洞径及围堰高度的多目标择优[J].水力发电,(8):36-40.

王栋,朱元甡.2002.风险分析在水系统中的应用研究进展及其展望[J].河海大学学报(自然科学版),(2):71-77.

王国华,梁樑.2006.决策理论与方法[M].合肥:中国科学技术大学出版社.

夏明耀.1981.国外过水堆石围堰块石护面试验研究情况介绍[J].水力发电,(7):58-61.

魏文礼,沈永明.2003.二维溃坝洪水波演进的数值模拟[J].水利学报,(9):43-47.

肖焕雄.1987.论施工导流标准[J].水力发电学报,(3):90-98.

肖焕雄,韩采燕.1993.施工导流系统超标洪水风险率模型研究[J].水利学报,(11):76-83.

肖焕雄,刘建良.1990.过水堆石围堰堰体上水深和护面板及垫层下压强的计算[J].水利学报,(7):10-19.

肖焕雄,史精生.1990.施工导流标准的多目标风险决策[J].水利学报,(11):66-71.

肖焕雄,孙志禹.1996.不过水围堰超标洪水风险率计算[J].水利学报,(2):37-42.

肖焕雄.1992.施工水力学[M].北京:水利电力出版社.

谢任之.1993.溃坝水力学[M].济南:山东科学技术出版社.

谢小平,黄灵芝,席秋义等.2006.基于JC法的设计洪水地区组成研究[J].水力发电学报,(6):125-129.

徐森泉,胡志根,刘全等.2004.基于多重不确定性因素的施工导流风险分析[J].水电能源科学,(4):78-81.

徐森泉,胡志根,刘全等.2004.基于熵权的导流标准多目标决策分析[J].中国农村水利水电,(8):45-47.

姚升保,岳超源,张鹏等.2005.风险型多属性决策的一种求解方法[J].华中科技大学学报(自然科学版),(11):83-85.

张永祥,陈景秋.2005.用守恒元和解元法数值模拟二维溃坝洪水波[J].水利学报,(10):1224-1229.

钟登华,黄伟,张发瑜.2006.基于系统仿真的施工导流不确定性分析[J].天津大学学报,(12):1141-1145.

钟登华,毛寨汉,刘东海.2002.施工导流方案的多目标总体综合评价方法[J].水利水电技术,(5):17-20.

钟登华,刘勇,黄伟,李明超.2009.水利水电工程施工水流控制过程仿真与优化方法[J].中国科学(E辑),(7):13 29-1337.

周克己.1998.水利水电工程施工组织与管理[M].北京:中国水利水电出版社.

朱建华.1991.面板堆石坝碎石垫层料的渗透稳定及反滤料设计[J].水利学报,(5):57-63.

Abraham W, Rafael S. 2004. Practical multifactor approach to evaluating risk of investment in engineering projects [J]. Journal of Construction Engineering and Management,(3): 357-367.

Acanal N,Yurtal R,Haktanir T. 2000. Multi-stage flood routing for gated reservoirs and conjunctive optimization of hydroelectricity income with flood losses [J]. Hydrological Sciences Journal,(5): 675-688.

Afshar A, Barkhordary A, Marino M A. 1994. Optimizing river diversion under hydraulic and hydrologic uncertainties [J]. Journal of Water Resources Planning and Management, (1): 36-47.

Ahmed A F, Jery R S. 1999. Hydraulic and economic uncertainties and flood-risk project design [J]. Journal of Water Resources Planning and Management,ASCE,(6):314-324.

Becker M, Czap H, Poppensieker M et al. 2005. Estimating utility-functions for negotiating agents: Using conjoint analysis as an alternative approach to expected utility measurement [J]. Lecture Notes in Computer Science:94-105.

Blackburn J, Hicks F E. 2002. Combined flood routing and flood level forecasting [J]. Canadian Journal of Civil Engineering,(1): 64-75.

Broich K. 1998. CADAM: Mathematical modeling of dam-break erosion caused by overtopping [C]. Munich Meeting, Munich.

Burn D H. 1990. Evaluation of regional flood frequency analysis with a region of influence approach [J]. Water Resources Research,(26): 2257-2265.

Caddell C P,Crepinsek Sherri R, Klanac G P. 2005. Risk assessments: Value of the process [J]. IEEE Engineering Management Review,(1): 6-12.

Castellarin A, Burn D H, Brath A. 2001. Assessing the effectiveness of hydrological similarity measures for flood frequency analysis [J]. Journal of Hydrology,(241): 270-285.

Cho J W, Chong S. 2005. Utility max-min flow control using slope-restricted utility functions [C]. IEEE Global Telecommunications Conference:819-824.

Cunderlik J M, Burn D H. 2002. The use of flood regime information in regional flood frequency analysis [J]. Hydrological Sciences Journal,(1): 77-92.

Cunderlik J M, Ouarda Taha B M J. 2006. Regional flood-duration-frequency modeling in the changing environment [J]. Journal of Hydrology,(1): 276-291.

Dai H C, Cao G J, Su H Z. 2006. Management and construction of the three gorges project [J]. Journal of Construction Engineering and Management,(6): 615-619.

Damle C, Yalcin A. 2007. Flood prediction using time series data mining [J]. Journal of Hydrology,(3): 305-316.

Dang F N, Liu Y H,Chen J Q,et al. 2006. Muddy water seepage theory and its application [J]. Science in China, Series E: Technological Sciences,(4): 476-484.

Farmani R, Savic D A,Walters G A. 2005. Evolutionary multi-objective optimization in water distribution network design [J]. Engineering Optimization,(2): 167-183.

Fernando S, Tan J, Er K C,et al. 2003. Simulation: A tool for effective risk management [J].

Proceedings, Annual Conference-Canadian Society for Civil Engineering-5th Construc Specialty Conf, 8th Environ and Sustainable Eng:93-103.

Grover P L, Cunderlik J M, Burn D H. 2002. A comparison of index flood estimation procedures for ungauged catchments [J]. Canadian Journal of Civil Engineering,(5): 734-741.

Guo B, Ghalambor A. 2006. Characterization and analysis of pressure instability in aerated liquid drilling [J]. Journal of Canadian Petroleum Technology,(7): 40-45.

Hu Z G, Fan X, Liu Q,et al. 2006. Construction diversion risk analysis on combined discharge of bottom outlet and dam-gap[J]. Advances in Modeling & Analysis D,(4): 55-70.

Kachel C E, Denton J D. 2006. Experimental and numerical investigation of the unsteady surface pressure in a three-stage model of an axial high pressure turbine [J]. Journal of Turbomachinery,(2): 261-272.

Loucks D P, Stedinger J R, Haith D A. 1981. Water Resources Systems Planning and Analysis [M]. Englewood Cliffs:Prentice-Hall.

Miyamoto J M, Wakker P. 1996. Multiattribute utility theory without expected utility foundations [J]. Operations Research,(2): 313-326.

Mohamed M A A, Morris M, Hanson G J. 2004. Breach formation: Laboratory and numerical modeling of breaching formation [C]. Proc Dam Safety ASDSO,Phoenix.

Nasir D McCabe B, Hartono L. 2003. Evaluating risk in construction-schedule model (eric-s): Construction schedule risk model [J]. Journal of Construction Engineering and Management, (5): 518-527.

Pandey G R, Nguyen V T V. 1999. A comparative study of regression based methods in regional flood frequency analysis [J]. Journal of Hydrology,(225): 92-101.

Rosenberry D O, Morin, R H. 2004. Use of an electromagnetic seepage meter to investigate temporal variability in lake seepage [J]. Source: Ground Water,(1): 68-77.

Rozov A L. 2003. Modeling a washout of dams [J]. Journal of Hydraulic Research, (6): 565-577.

Salami A W, Ajiboye V O, Ayanshola A M. 2005. Simulation of hydrologic flood routing for downstream of Jebba dam using Muskingum technique [J]. Modelling, Measurement and Control C,(3): 49-61.

Singh V P. 1996. Dam Breach Modeling Technology [M]. Dordrecht:Kluwer Academic Publisher.

Tingsanchali T, Chinnarasri C. 2001. Numerical modeling of dam failure due to flow overtopping [J]. Hydrological Sciences Journal,(1): 113-130.

Tingsanchali T,Boonyasirikul T. 2006. Stochastic dynamic programming with risk consideration for transbasin diversion system [J]. Journal of Water Resources Planning and Management, (2): 111-121.

Toda Y,Ikeda S, Kumagai K,et al. 2005. Effects of flood flow on flood plain soil and riparian vegetation in a gravel river [J]. Journal of Hydraulic Engineering,(11): 950-960.

Wahl T L. 2004. Uncertainty of predictions of embankment dam breach parameters [J]. Journal of Hydraulic Engineering,(5): 389-397.

Xiao H X, Han C Y. 1993. Study on the stability of protection concrete wedge-shaped blocks on the slope of overflow cofferdams [C]. ISHERD, Proceedings 2.

Yanmaz M A. 2000. Overtopping risk assessment in river diversion facility design [J]. Canadian Journal of Civil Engineering,(2): 319-326.

Yazicigil H, Houck M H,Toebes G H. 1983. Daily operation of a multipurpose reservoir system [J]. Water Resource Research,(1): 727-738.

Yen B C,Ang A H S. 1971. Risks analysis in design of hydraulic projects [C]//Chao-Lin Chin. Proceeding International Symposium on Stochastic Hydraulics. Pittsburgh: University of Pittsburgh:694-709.

Yen B C. 1988. Stochastic methods and reliability analysis in water resources [J]. Water Resources Research,(9): 213-224.

Zembillas N M, Beyer B J. 2004. Proactive utilities management: Conflict analysis and subsurface utility engineering [C]//Proceedings of the ASCE Pipeline Division Specialty Congress-Pipeline Engineering and Construction:733-738.

Zhang S Y, Cordery I, Sharma A. 2002. Application of an improved linear storage routing model for the estimation of large floods [J]. Journal of Hydrology,(258): 58-68.